DRECKS ARBEIT

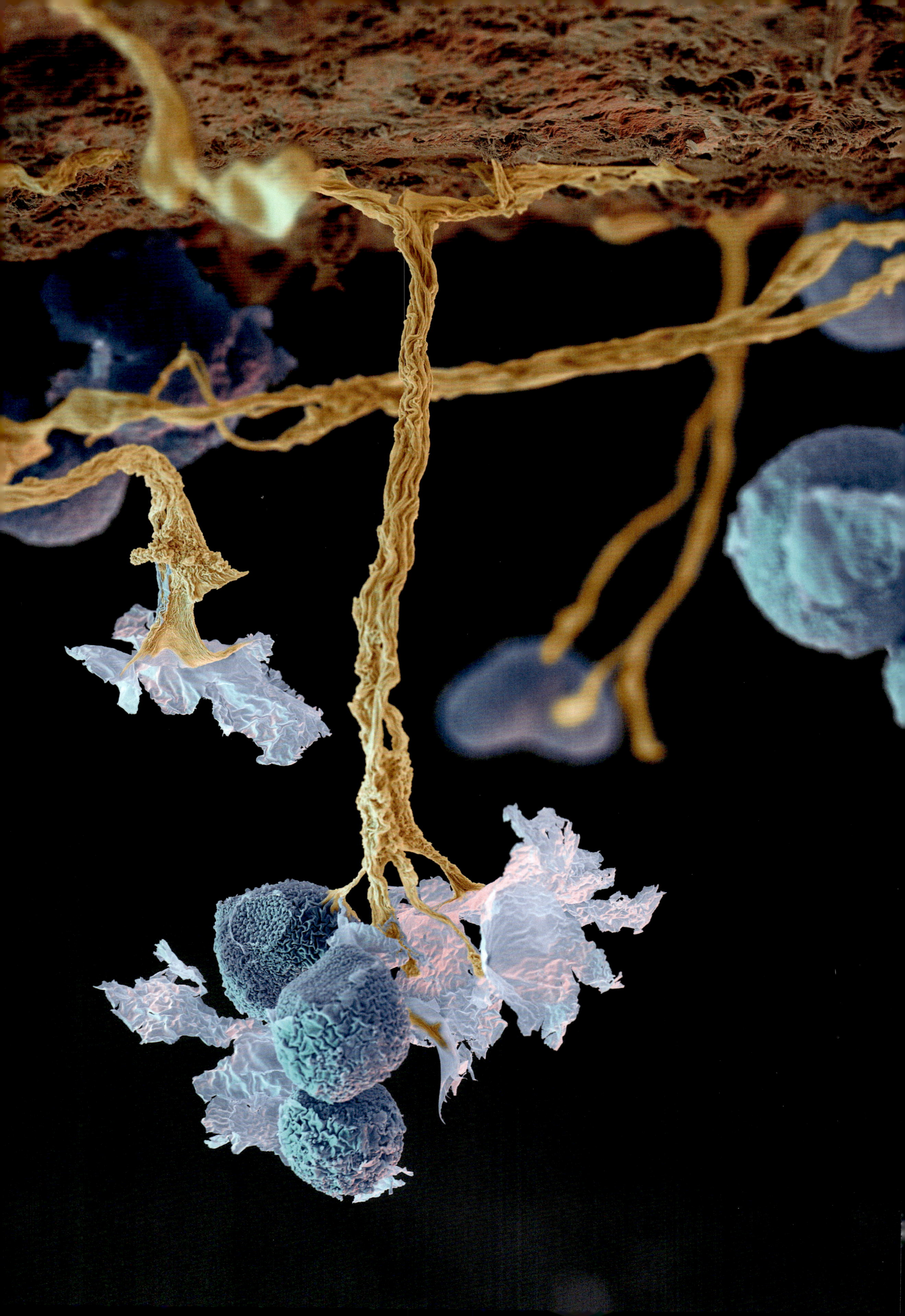

Fotografien Nicole Ottawa
und Oliver Meckes

Texte Veronika Straaß
und Claus-Peter Lieckfeld

DRECKS ARBEIT

Der Mikrokosmos unter unseren Füßen

Dölling und Galitz Verlag

INHALT

Worum es geht 15

Astronomische Zahlen 16

► *Ist es unter Tage still?* 16

Humus – das schwarze Premiumprodukt 19

Das Schwerverdauliche verdauen 20

Zersetzen und Freisetzen 20

Humus ist nicht gleich Humus 21

► *Der »Erfinder« des Edaphon* 23

Die im Dunkeln sieht man (meistens) nicht 25

1 Bakterien – Ein Heer für's Leben 27
- Die Grundlage allen Lebens 30
- Warum so viele? 30
- Allesfresser 31
- Die Molekül-Knacker 31

2 Pilze – Überwiegend unsichtbar 33
- ► *Pilze – die wichtigsten Alleskönner der Erde* 35
- Geben und Nehmen 38
- Unterirdische Trittbrettfahrer 39

3 Milben – Die Unersättlichen 45
- Das hungrige Heer 46
- Giftzwerge 46
- Kraftpakete 46
- Raubmilben – Futtern wie die Spinnen 52

4 Springschwänze – Die mit der Sprunggabel 57
- Hochgeschwindigkeitsvermehrer 58
- Sprungartisten 60
- … eigentlich kein Insekt 64
- Zehn hoch minus 66

5 Vielfüßer – Erfolgsmodelle der Evolution 69
- Doppelfüßer – ziemlich beinlich 70
- ► *Warum stolpern Tausendfüßer nicht?* 71
- ► *Tausendfüßer – wirklich tausend?* 72
- Hauptsache, nass 72
- Sich ungenießbar machen 73
- Hundertfüßer – immer giftig 74

6 Asseln – Krebse auf Landgang 77
- Die Hybrid-Atmer 79
- Nachwuchs im Privatpool 81

7 Schleimpilze – It's slime time 83
Auferstanden aus Herbarien 86
Doppelwesen halten besser 86
Einverleiben 87
▸ *Was denkt sich jemand ohne Hirn?* 91

8 Regenwürmer – Der wichtigste Wurm der Welt 97
Licht kann tödlich sein 98
Entscheidend ist, was hinten rauskommt 99
Lebende Nährstoffpumpen 101
Powerpakete unter Tage 101
Mit Regenwürmern gegen Schnecken 101
▸ *Der Pest-Wurm* 102
Gutes Klima für Regenwürmer? 103

9 Bärtierchen – Die Unsterblichen 105
Bären in der Regenrinne 106
Die lebenden Toten 109
Bärtierchen im All 111

10 Von Einzellern und Fadenwürmern – Noch mehr Drecksarbeiter 113

SOS – Save our Soils 129

Der Pflug als Fluch 130
Ist Pflügen alternativlos? 130
▸ *Natur, Boden und Glyphosat* 131
Und im Wald? 131
Ein Ende der Monokultur? 132
Interview: Bodenalarm. Fragen an den Experten Florian Schwinn 134

Und wo bleibt das Positive? 137

Oase in der Wüste – Agroforstflächen 138
Ruhezeiten für Böden – Weidekarussell 139
Fruchtbarere Böden – Terra preta 140
Grubbern statt pflügen – schonende Unkrautbekämpfung 140
KI im Feldeinsatz 141
Ein schützendes Kleid für die Krume – Bodendecker 142
»Carbon Farming« – mehr Humus 142

Literatur, Abbildungsnachweis, Dank 143
Vitae, Impressum 144

◂ Seite 2 Hängende Fruchtkörper eines **Schleimpilzes** ***(Badhamia utricularis)*** an der Unterseite eines gestürzten Baumes.

▴ Aus einer Bodenprobe unweit dieser Farn-/Totholz-Impression aus dem **Nordschwarzwald** stammt die Mehrzahl der porträtierten Lebewesen dieses Buches.

▸ **Bärtierchen** sind eigentlich keine typischen Bodentiere. Da sie aber fast überall vorkommen, findet man sie auch im Wasserfilm feuchter Böden und in der Laubstreu. Die Gattung ***Milnesium*** ist weltweit verbreitet und existiert schon seit einer Ewigkeit: Fossile Bärtierchen entdeckten Experten sogar in Ablagerungen aus der Kreidezeit.

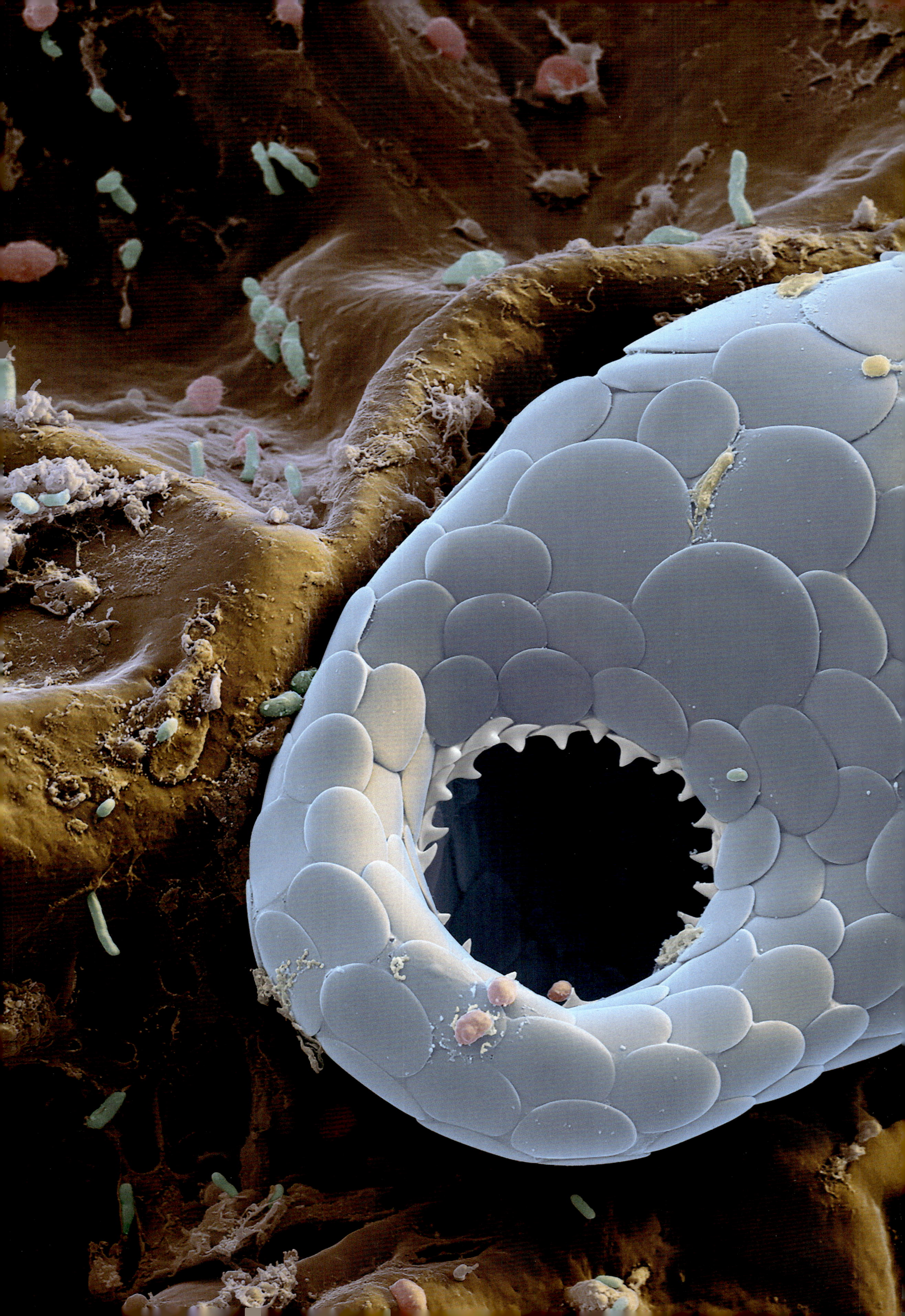

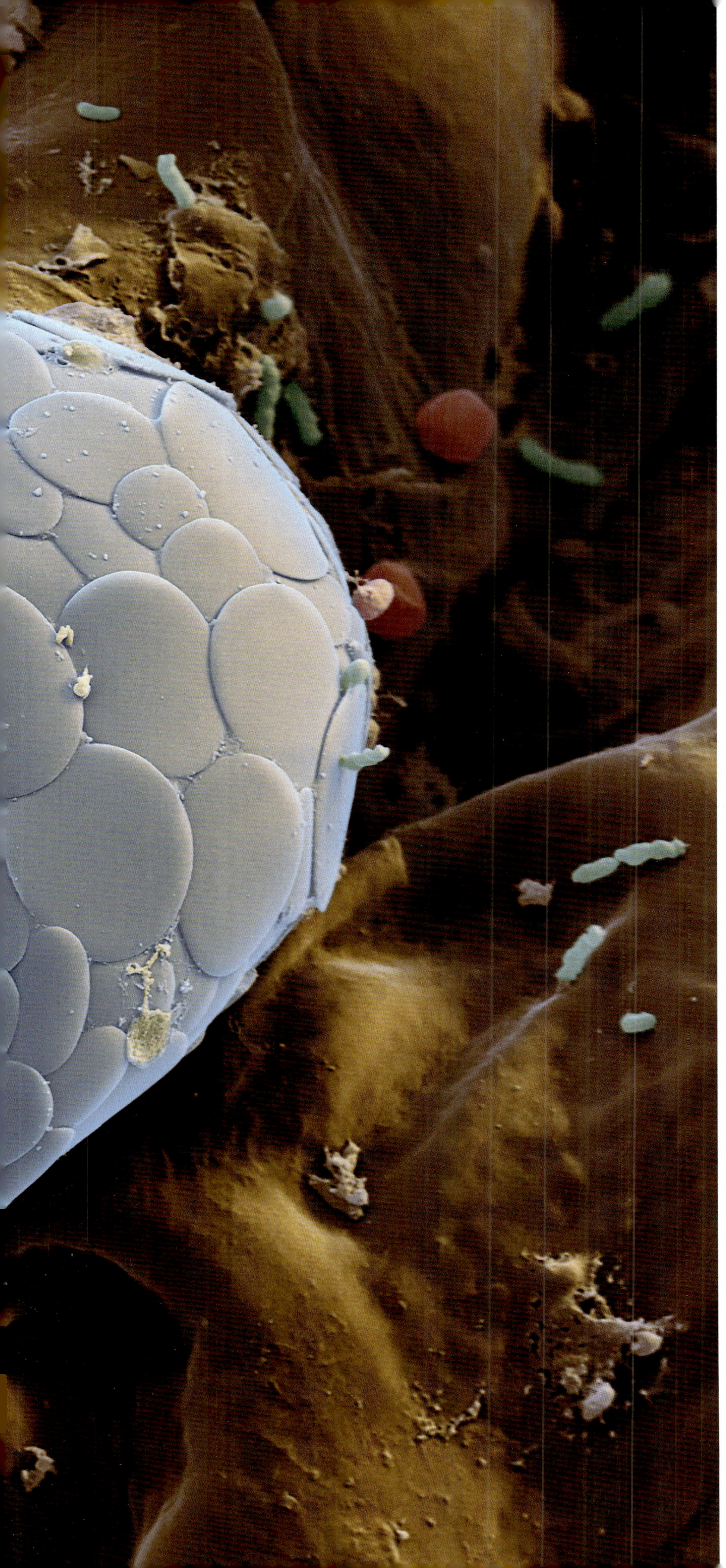

◂ Nein, kein kunstgewerblich verzierter Flaschenöffner, sondern eine **Schalenamöbe** namens ***Trinema complanatum***. Die schützende Außenhülle aus unterschiedlich großen, miteinander verklebten Schuppen ist für diese Amöbe typisch. Durch die gezahnte Öffnung erkundet die Amöbe ihre Umwelt nach Fressbarem.

▲ *Stemonitis fusca* trägt wegen seiner extravagant angeordneten Sporenkolben seinen Populärnamen zu Recht: **Stelzenschleimpilz**, er firmiert aber auch als Fadenstäubchen – ein Name, den sich ein echter Liebhaber ausgedacht haben muss.

Das fragil wirkende Konstrukt ändert während der Sporenreifezeit seine Farbe von Weißlich über Rosa zu Braun. Man findet – am ehesten mit sachkundiger Unterstützung – das Dunkle Fadenkeulchen (ein weiterer Populärname) auf Blättern und Totholz.

▸ Der Schleimpilz *Diachea leucopodia* heißt auch **Buckingham-Schleimpilz**: Die Fruchtstände erinnern entfernt an die berühmten Bärenfell-Kopfbedeckungen, wie sie die Palastwachen tragen, die vorm Londoner Stadtschloss der Royals Dienst tun und tagein, tagaus von Touristen aus aller Welt abgelichtet werden.

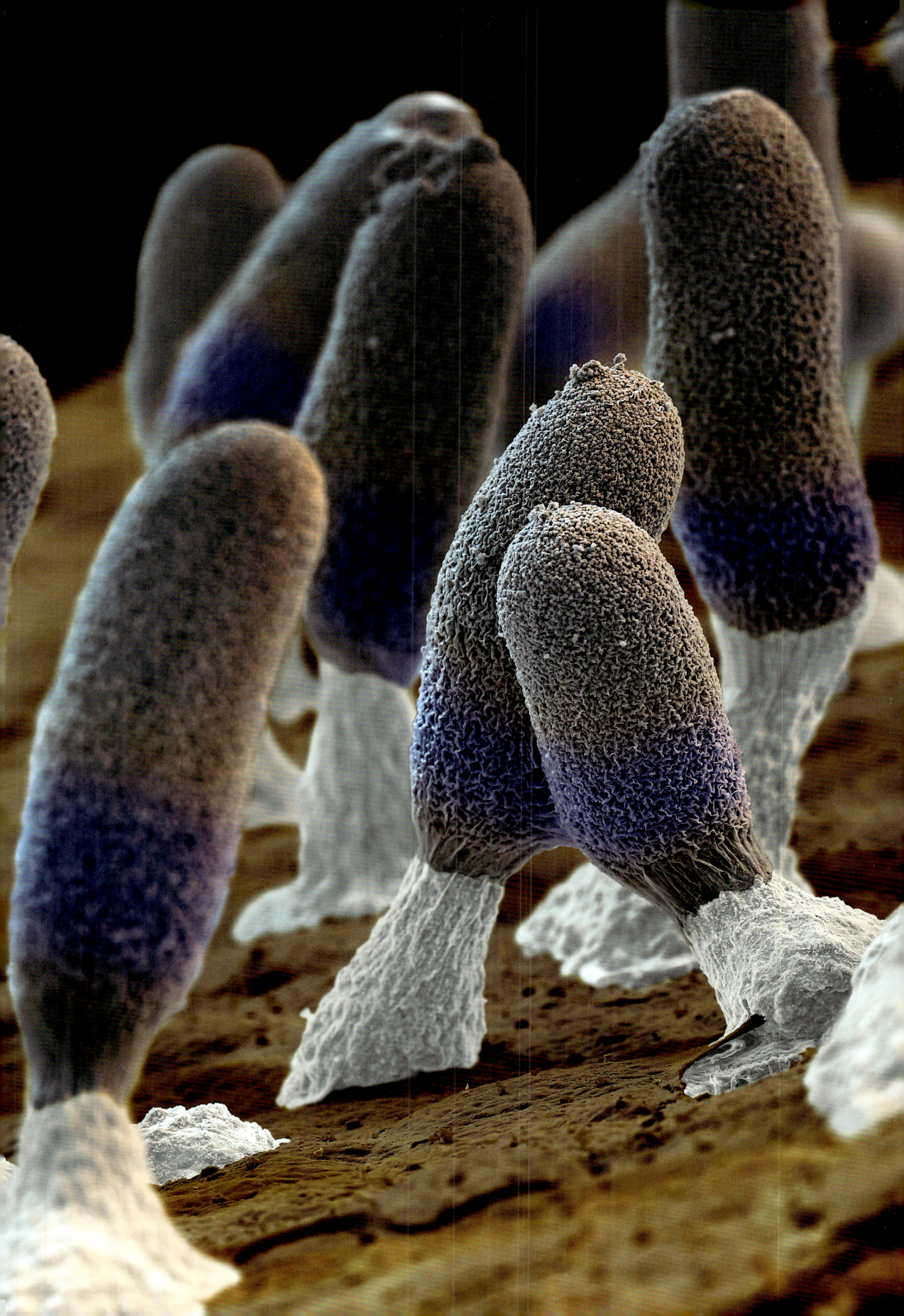

◄ Ein **Springschwanz** auf Totholz. Eine eindeutige Artbestimmung wäre wohl auch für Experten nicht einfach, zumal die meisten Spezies noch unerkannt vor sich hin wuseln.

▲ Eine **Hornmilbe** der Gattung ***Suctobelbella*** auf zerfallendem Holz. Die Partnersuche entfällt, denn Männchen gibt es nicht. Die Jungen schlüpfen aus unbefruchteten Eiern.

WORUM ES GEHT

Boden ist unser aller Grundlage. Grund genug, genau hinzuschauen. Aber wie kann man das Unfassbare zu fassen kriegen: den Kosmos Boden? Und hier besonders die unbegreiflich diffizile Lebensgemeinschaft aus Klein- und Kleinstwesen, die für unser Leben und Überleben die Standards setzen?

◂◂ vorherige Doppelseite Porträt einer **Raubmilbe** – einer der schnellsten und effizientesten Jäger des Bodenzoos. Ihre Respekt einflößenden Kieferklauen und die mit Tastborsten besetzten Beine verleihen ihr einen gewissen Gruselfaktor.

▸ Jeder Versuch, das Gewimmel im Boden zahlenmäßig begreifbar zu machen, kann nur eine grobe Schätzung bleiben. (Datengrundlage: Merkblatt 60/2021 der Eidgenössischen Forschungssanstalt WSL nach Daten von Wolfgang Dunger »Tiere im Boden«, s. Literatur)

Es gibt eine Reihe Versuche, die Größenordnungen zu veranschaulichen. Hier einer stellvertretend für viele: Ein Teelöffel Erde kann eine Million Bakterien, 120 000 Pilze und 25 000 Algen enthalten (nach Grefe und Busse 2024). Ein Kubikmeter gesunden, fruchtbaren Bodens plus aufliegender Streuschicht birgt nach geschätzter Anzahl sortiert: 30 Hundertfüßer, 30 Asseln, 50 Spinnen, 50 Schnecken, 100 Zweiflüglerlarven, 100 Käfer und ihre Larven, 100 Doppelfüßer, 100 Regenwürmer, 10 000 Rädertierchen, 30 000 Weißwürmer (die kleinen Verwandten der Regenwürmer), 50 000 Springschwänze, 70 000 Milben, 1 Million Fadenwürmer, 1 Million Wimpertierchen, 10 Millionen Wurzelfüßer, 100 Millionen Geißeltierchen, 100 Millionen Algen, 10 Billionen Strahlentierchen, 100 Billionen Bakterien, 100 Milliarden (also 10^{11}!) Pilze (nach Schwinn 2019).

ASTRONOMISCHE ZAHLEN

Das sind astronomische Dimensionen, die Fachautoren des Umweltbundesamtes bei ihren Versuchen, Boden »bodenständig« zu erklären, sehr hoch greifen ließen, sozusagen zu den Sternen: »Weltweit leben 1 000 000 000 mal mehr Bakterien im Boden, als es Sterne im Weltall gibt. [...] Rechnet man noch die Scharen von Fadenwürmern, Milben, Asseln, Springschwänzen und Insektenlarven dazu, summiert sich das Gewicht der Lebewesen, die einen Hektar durchwurzelbaren Bodens bewohnen, auf 15 Tonnen! Das entspricht dem Gewicht von etwa 20 Kühen.«

Wie dieses Billionen-Heer interagiert, wie »Kommandostrukturen«, wie »Allianzen« und Nahrungsnetze (die Verflechtungen zwischen Jägern und Beute) ablaufen, ist noch keineswegs verstanden. Von etwa 90 Prozent aller bekannten Arten wissen wir nicht, wie sie genau im uWWW (Underground World Wide Web) verortet und eingebunden sind. Was wir wissen, was wir wissen können, ist, worauf das unterirdische »Stirb und werde« bestenfalls hinausläuft: auf die Produktion von Humus.

IST ES UNTER TAGE STILL?

Deutschlands Großdichter Friedrich Schiller sprach vom »Reich des Klanges« (»Das Lied von der Glocke«) und umschrieb damit die Luft als Raum der Geräuschentfaltung. Und spätestens seit der »Gesang« der Buckelwale auf Tonträgern angeboten wird, ist es Populärwissen, dass es auch unter Wasser tönt. Aber unter unseren Füßen herrscht doch Grabesstille, oder?

Durchaus nicht! Ein Schweizer Sensibilisierungsprojekt der Stiftung Biovision mit dem Namen »Sounding Soil« macht mit Hilfe von Hochleistungsmikrofonen hörbar, wie es unterm Wurzelhorizont lärmt. Es pocht, knistert, rauscht, hupt, berichtet Projektleiterin Marilena Schumann. Sie merkt aber auch an, dass die rund 1 000-fach verstärkten Äußerungen von unterirdischen Lebewesen den verschiedenen Solisten noch nicht zugeordnet werden können. Man weiß also (noch) nicht, ob da gerade Asseln, Milben oder Würmer performen.

Was sich indes so gut wie sicher sagen lässt: Unter Zuckerrübenfeldern ist es still, unter Wildwiesen tost es. Marilena Schumann: »Es gibt tatsächlich auch Kommunikationsgeräusche, die man hören kann. Das klingt dann wie ein Motorrad [...] oder wie eine Hupe oder eine Klingel. Alles Töne, die man noch nie gehört hat.« (»Sounding Soil – So klingt der Erdboden unter unseren Füßen«, Deutschlandfunk Nova, Sendung vom 9.8.2021)

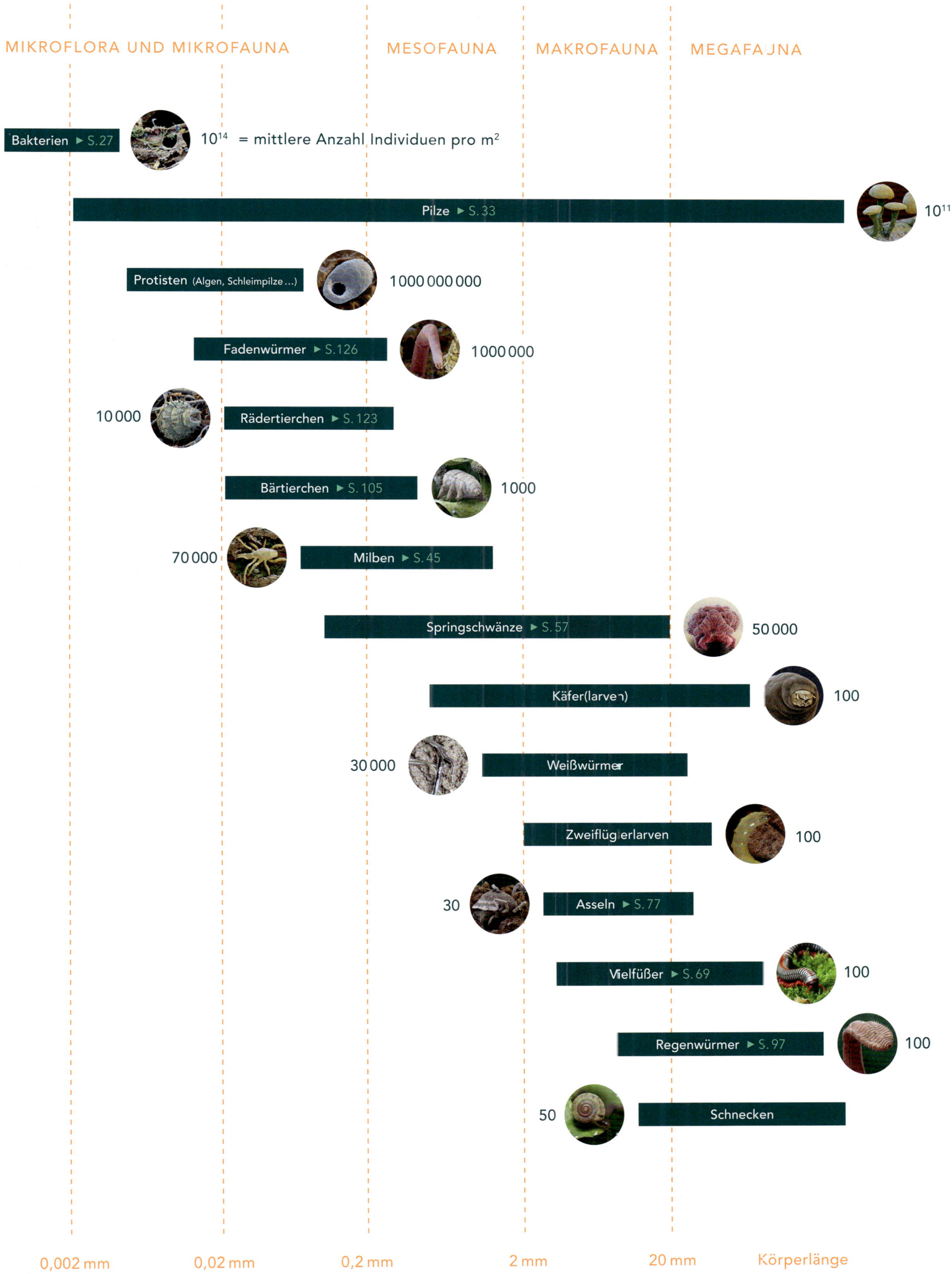
MIKROFLORA UND MIKROFAUNA
MESOFAUNA
MAKROFAUNA
MEGAFAUNA
Bakterien ► S. 27
10^{14} = mittlere Anzahl Individuen pro m²
Pilze ► S. 33
10^{11}
Protisten (Algen, Schleimpilze …)
1 000 000 000
Fadenwürmer ► S. 126
1 000 000
10 000
Rädertierchen ► S. 123
Bärtierchen ► S. 105
1000
70 000
Milben ► S. 45
Springschwänze ► S. 57
50 000
Käfer(larven)
100
30 000
Weißwürmer
Zweiflüglerlarven
100
30
Asseln ► S. 77
Vielfüßer ► S. 69
100
Regenwürmer ► S. 97
100
50
Schnecken
0,002 mm
0,02 mm
0,2 mm
2 mm
20 mm
Körperlänge

HUMUS – DAS SCHWARZE PREMIUMPRODUKT

Wer sich mit den Vorgängen im Boden befasst, stößt immer wieder auf einen Begriff, der bisweilen so bröckelig erscheint wie das, was er bezeichnet: Humus. Aber was ist Humus überhaupt?

Grob vereinfacht das, was entsteht, wenn abgestorbenes organisches Material – Laub, Nadeln, Früchte, Totholz, Kadaver, Kot, Federn, Haare, Wurzeln – von den meist mikroskopisch kleinen Bodenorganismen in ausgefeilter Zusammenarbeit und in unzähligen Durchläufen abgebaut, umgebaut und zu neuen Verbindungen aufgebaut wird. Bevor sich die Lebensgemeinschaft im Boden an die Arbeit macht, heißt die Ansammlung aus abgestorbenem Material tierischen oder pflanzlichen Ursprungs Detritus. Im Verlauf seiner Bearbeitung verwandelt sich dieser Detritus peu à peu in Humus, in die Gesamtheit der fein zersetzten organischen Substanz im Boden. Diese Abläufe dauern, und sie kommen nie zu einem Ende, denn Humus ist eine lebendige Masse, die ständigen Abbau- und Umbauprozessen unterworfen bleibt.

Wie lange die Verarbeitung von Detritus dauert, hängt von einer Vielzahl von Komponenten ab. Zunächst mal spielt die Zusammensetzung eine große Rolle. Die Blätter von Erle, Esche oder Ulme sind leicht verwertbar und schon im folgenden Sommer zersetzt. Für Hainbuchenblätter braucht das Heer der Zersetzer etwa anderthalb Jahre, gerbstoffreiches Eichenlaub muss zweieinhalb Jahre bearbeitet werden, und bei Buchenblättern dauert es sogar drei Jahre, bis sie nicht mehr als solche zu erkennen sind.

◂ Schon einige Daumenbreiten unter der Bodenoberfläche sind Blätter und Zweige nicht mehr als solche zu erkennen. Sie werden abgebaut und in ihre Strukturen aufgelöst.
▾ Totholz oder welke Blätter sind kein Abfall, sondern wertvolles Rohmaterial für neuen Humus.

▼ Damit Totholz zu Waldboden werden kann, müssen zunächst Pilze das Holz durchwachsen. Arten wie der Birkenporling bauen vor allem die helle Zellulose im Holz ab, während das braune Lignin vorerst erhalten bleibt. Der Abbauprozess heißt folgerichtig **Braunfäule**. Die dabei entstehende querrissige Holzstruktur ist als »Würfelbruch« bekannt.
▼▼ Ein anders verlaufender Abbauprozess nennt sich **Weißfäule**. Typische Weißfäulepilze sind Feuerschwämme. Sie bauen zunächst das dunkle Lignin ab, woraufhin das Holz faserig wird und sich weißlich verfärbt. Hier eine ca. 400-fache Vergrößerung der Weißfäule in Buchenholz.

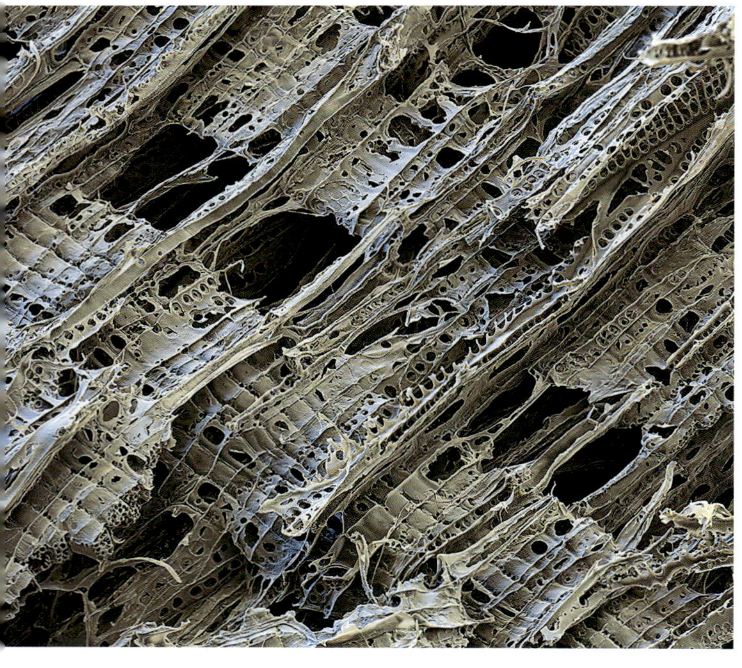

DAS SCHWERVERDAULICHE VERDAUEN

Besonders lange müssen sich Bodenlebewesen an mit Wachs überzogenen Fichtennadeln abarbeiten. Die Zersetzung eines umgestürzten Baumes ist ein Projekt für Jahrzehnte: 95 Prozent der Holzsubstanz einer Buche sind nach etwa 56 Jahren abgebaut, ein Fichten- oder Kiefernstamm ist nach 91 beziehungsweise 94 Jahren optisch verschwunden. Der Grund für die schier endlose Arbeit am Material: Lignin, der Stoff, der Bäumen ihre Festigkeit gibt, gehört zu den widerstandsfähigsten Substanzen in der Natur. Nur wenige Organismen – in erster Linie die Weißfäulepilze – sind imstande, Lignin aufzubrechen.

Ausschlaggebend für die Zersetzungsdauer sind neben der Zusammensetzung des Detritus auch die Lebens- und Arbeitsbedingungen der Bodenarbeiter: Müssen die Mikroorganismen in verdichteten Böden, bei unzureichender Belüftung, bei zu niedrigem pH-Wert oder in zu trockenem oder zu nassem Umfeld leben, ist ihre Gemeinschaft von vornherein wesentlich artenärmer und ihre Individuendichte spärlicher als unter günstigeren Bedingungen.

ZERSETZEN UND FREISETZEN

Die aufeinander abgestimmte Arbeit der Bodenflora und -fauna sorgt dafür, dass als Erstes die leicht zersetzbaren Bestandteile des Detritus wie Zucker oder Stärke verarbeitet werden. Proteine liegen im mittleren Schwierigkeitsgrad. Lignin, Harze, Wachse und Gerbstoffe sind richtig schwer zu knacken.

Während der Zersetzungsprozesse wird Lösliches gelöst, Oxidierbares oxidiert, und Makromoleküle werden in ihre Bestandteile zerlegt. Das Heer der Bodenorganismen ist pausenlos im Einsatz, zernagt und zerkleinert die Ausgangs- und Zwischenprodukte, bearbeitet sie mit Enzymen, frisst, scheidet wieder aus und vermengt die verschiedenen Zersetzungsstufen miteinander und mit dem übrigen Bodenmaterial. Nach und nach werden außer Kohlendioxid und Wasser auch anorganische Verbindungen wie Ammonium, Phosphat, Nitrit und Nitrat freigesetzt – ein Vorgang, der als Mineralisierung bekannt ist. Diese wichtigen Pflanzennährstoffe werden von Wurzeln wieder aufgenommen und in den Kreislauf eingespeist.

Doch auch nach unzähligen Bearbeitungsdurchläufen bleibt ein Rest übrig, der sich weiterem Abbau widersetzt: die Huminstoffe, auch Dauerhumus genannt. Huminstoffe bestehen aus organischen Spaltprodukten, die während der Zersetzung entstehen und sich zu komplexen Makromolekülen zusammenfügen. Für sich genommen sind diese Huminstoffe weder für Mikroorganismen noch für Pflanzen »fressbar«, und doch sind sie unverzichtbare Komponenten des Bodens: Sie sorgen durch ihre mehr oder weniger dunkle Farbe dafür, dass sich Böden relativ rasch erwärmen. Sie sind es, die dem Boden Struktur und Stabilität geben. Außerdem speichern sie dank ihrer schwammartigen Konsistenz große Mengen Wasser und sorgen damit für eine lebensfreundliche Grundfeuchtigkeit und für die Wasserversorgung von Pflanze, Tier und Mikroorganismus unter Tage.

Eine mindestens genauso wichtige Eigenschaft der Huminstoffe betrifft ihre Molekülоberfläche: Sie ist elektrisch geladen. Deshalb können sie geladene Nährstoffionen wie zum Beispiel Nitrat, Phosphat und Kalium auf Abruf anlagern und so lange bereithalten, bis sie von den Pflanzen »angefordert« werden. Huminstoffe sichern somit die Vorratsspeicherung für Pflanzennährstoffe.

HUMUS IST NICHT GLEICH HUMUS

Genau genommen gibt es *den Humus* gar nicht. Man müsste eher von (schwieriger Plural!) »Humussen« sprechen, denn wie gesagt: Was bei den komplexen Zersetzungs-, Um- und Aufbauprozessen herauskommt, kann von Fall zu Fall sehr unterschiedlich sein. Ein Mix aus Komponenten. Das Ausgangsmaterial, das Klima, die Gemeinschaft der Zersetzer und vieles mehr spielen eine Rolle. Als wäre das noch nicht kompliziert genug, kommen die unterschiedlichen Humusarten meist auch noch als Kombination und Gemisch vor. Hier eine grobe Einteilung, in der die diversen Übergangs- und Zwischenstufen nicht berücksichtigt sind:

Mull

… ist für Pflanzen die günstigste Humusform. Er bildet sich, wenn der pH-Wert (also der Säuregrad) nahe dem Neutralwert von 7 liegt, wenn Feuchtigkeit und Durchlüftung optimal sind und leicht zersetzbarer Detritus eine gute Versorgung mit Nährstoffen sicherstellt. Mull beherbergt ein artenreiches Bodenleben. Regenwürmer und verschiedenste Gliederfüßer sorgen für eine gute Durchmischung mit dem mineralischen Untergrund. Mull ist die typische Humusform unter Grünland und Laubwäldern mit artenreicher Krautschicht.

Moder

… entsteht, wenn schwer zersetzbarer Detritus auf sauren Böden und in kühlfeuchtem Klima abgebaut wird. Die Aktivität des Bodenlebens ist unter diesen Bedingungen deutlich gebremst. Besonders Regenwürmer sind, wo's modrig wird, nur spärlich zu finden, und die wenigen sind auch noch weniger aktiv. Moder bildet sich oft unter Laub- und Nadelwäldern mit kargem Unterwuchs.

Rohhumus

… ist die Humusform, die Moder auf der Skala der Wertschätzung durch Gärtner:innen und Landwirt:innen noch unterbietet. Er entsteht, wenn auf sauren, nährstoffarmen Böden bei dürftig besetztem Bodenleben schwer zersetzbarer Detritus verarbeitet werden muss. Rohhumus findet sich oft unter Nadelwäldern und Zwergstrauchbeständen.

▾ Bis aus der dicken Auflage aus toten Buchenblättern ein einziger Zentimeter Humus geworden ist, können hundert Jahre vergehen.

Versucht man, eine Vorstellung von der komplexen Lebensgemeinschaft im Boden zu vermitteln, bleibt nichts anderes übrig, als zu vereinfachen und ein paar besonders eindrucksvolle Gruppen des großen Bodenzoos herauszupicken. Wir beginnen hier mit den besonders zahlreichen und arbeiten uns zu den vergleichsweise seltenen vor.

Alle Repräsentanten berücksichtigen zu wollen, wäre nicht nur maßlos, sondern schlicht unmöglich: Zu viele der Unter-Tage-Arbeiter sind gar nicht bekannt, von anderen weiß man zwar, dass es sie gibt, aber nicht, welche Funktion sie in dem komplexen Netzwerk Edaphon ausüben. Wir haben notwendigerweise eine Auswahl getroffen, die vor allem die einheimischen Bodenbewohner repräsentiert.

Aber warum – vom ästhetischen Reiz der Unterwelt einmal abgesehen – sollte man die Begegnung mit den Basisarbeitern des Lebens suchen? In dem Buch »Die Humusrevolution« von Ute Scheub und Stefan Schwarzer (siehe Literaturliste) lesen wir eine Antwort: »Alle Menschen müssen essen und trinken. Doch wenn die planetarischen Ökosysteme an den Rand des Kollapses geraten, dann sind die weltweiten Ernten und Wasserkreisläufe gefährdet. [...] Endlose Monokulturen beherrschen heute die Weltäcker – zum Schaden von Boden, Klima, Luft, Wasser, Menschen, Tieren, Pflanzen und Pilzen [...] und von Quintillionen mikroskopisch kleinen Lebewesen im Boden.«

Besonders diese Kleinen sind es, auf die sich unser Augenmerk richten sollte. Sie sind nicht weniger als die für unser Überleben wichtigsten Gestalten.

DER »ERFINDER« DES EDAPHON

Der in Wien gebürtige Wissenschaftler Rudolf Heinrich Franze (1874–1943), der unter dem Namen Francé publizierte, veröffentlichte 1913 ein Büchlein mit dem Titel »Das Edaphon« und wenig später »Das Leben im Ackerboden«, das ihn zu einem der wichtigsten Gewährsmänner der ökologischen Landwirtschaft machte. Francé – auch ein Pionier der gekonnten, laienfreundlichen Vermittlung wissenschaftlicher Erkenntnisse – machte erstmals eine interessierte Öffentlichkeit auf den Kleinsttierzoo im Boden aufmerksam. Seine Bezeichnung für die unterirdische Minifauna – »Edaphon« aus dem Griechischen *edaphos* = Erdboden – setzte sich durch.

◄◄ Schleimpilzexperte und Naturfilmer Karlheinz Baumann (vorne), der Ranger des Nationalpark Nordschwarzwald Charly Ebel und die Biologin und REM-Expertin Nicole Ottawa suchen nach Schleimpilzspuren. Erfolgreich.
◄ REM-Experte Oliver Meckes schickt sich an, im Nordschwarzwald die entscheidende Bodenprobe zu nehmen, aus der eine Vielzahl der in diesem Buch versammelten Lebewesen stammen.

►► folgende Doppelseite Versammlung der Gliederfüßer: Ein behaarter **Springschwanz** lugt aus einem Loch, daneben sitzt eine gepanzerte **Hornmilbe**, im Zentrum eine **Raubmilbe**, und unten kriecht eine **Käferlarve** durch die Erdkrümel.

DIE IM DUNKELN SIEHT MAN (MEISTENS) NICHT

Der Kleinstzoo unter unseren Sohlen ist so wenig wissenschaftlich durchdrungen wie die Tiefsee. Ein Zoobesuch dort – darauf müssen wir gefasst sein – überfordert uns Augen- und Verstandestiere unweigerlich. Wir gehen es trotzdem an.

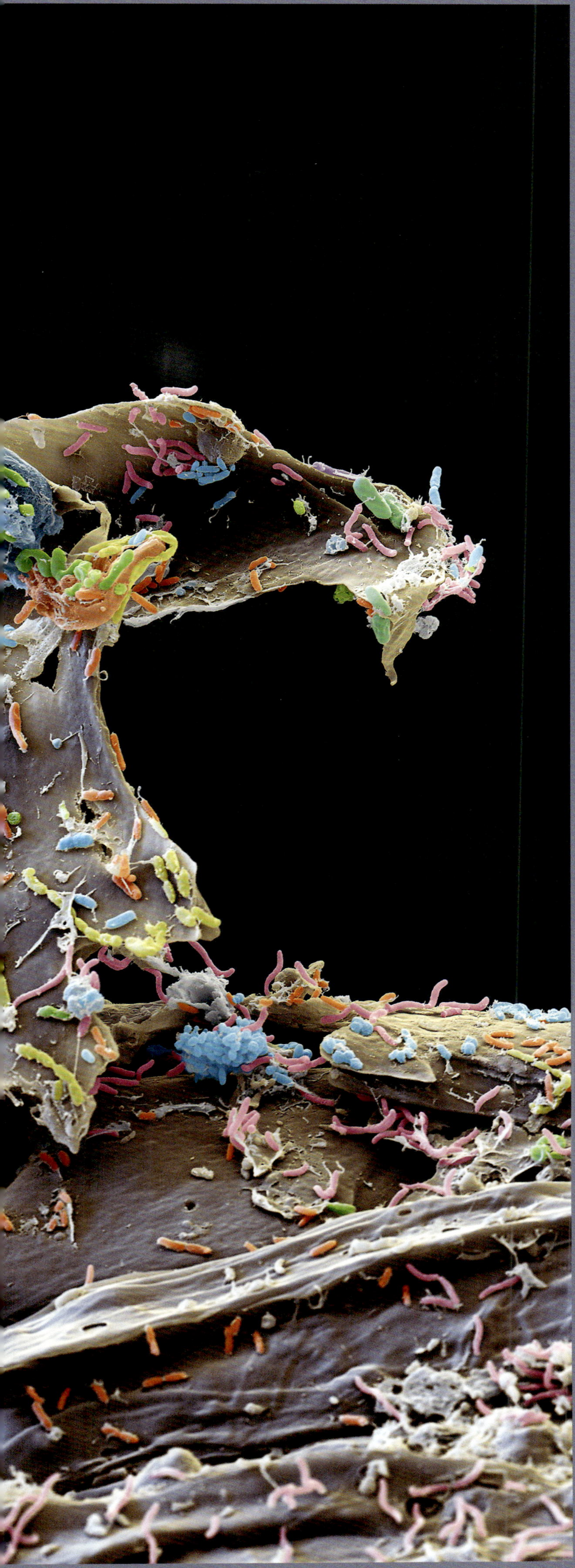

1 BAKTERIEN
EIN HEER FÜR'S LEBEN

Auch wenn wir unsere Phantasie noch so sehr strapazieren, das Gewimmel im Boden bleibt jenseits unserer Vorstellungskraft. Bakterien etwa leben im Boden in so großer Zahl, dass selbst in Fachartikeln die Mengen schnell mal um Zehnerpotenzen nach oben oder unten variieren können.

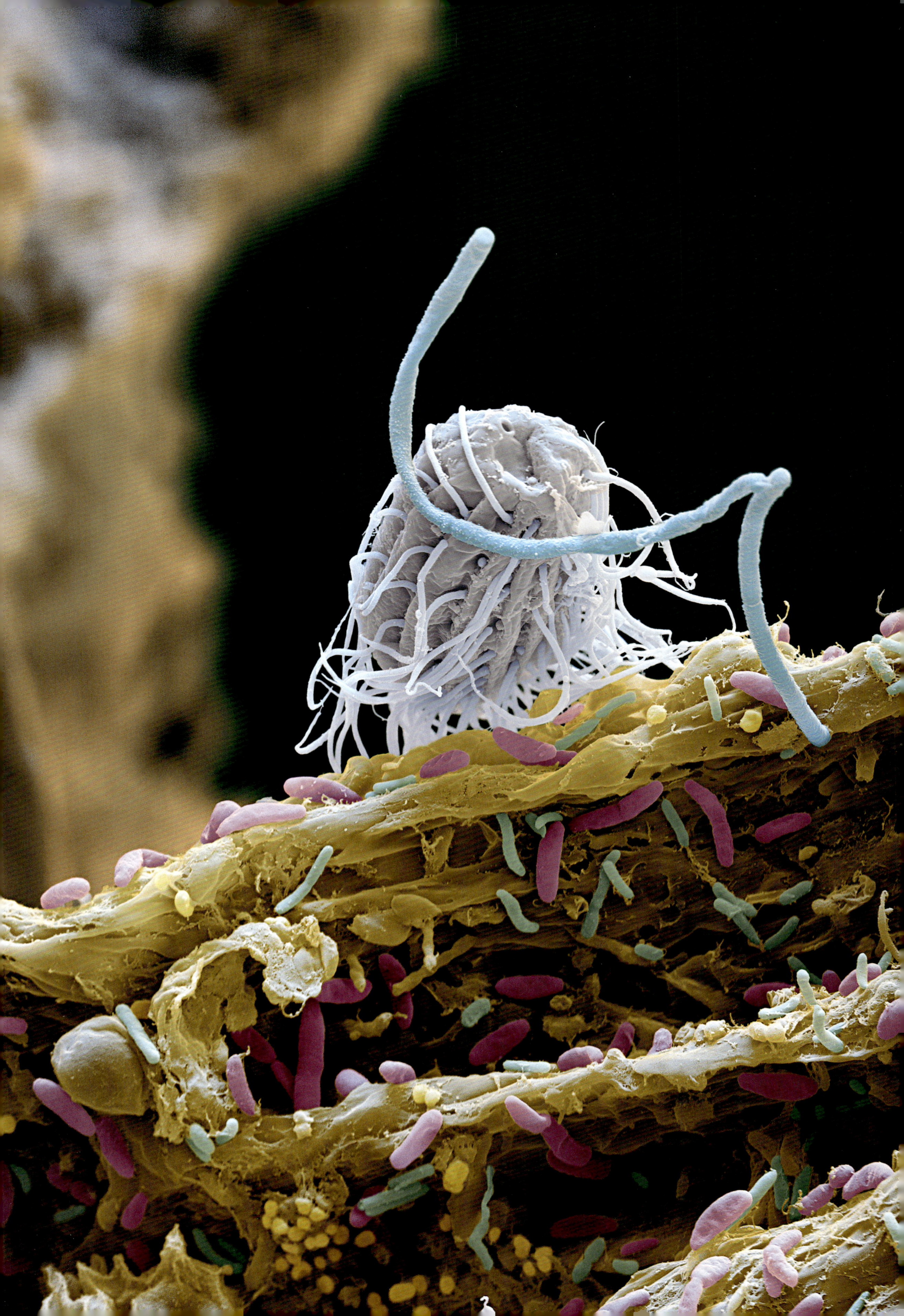

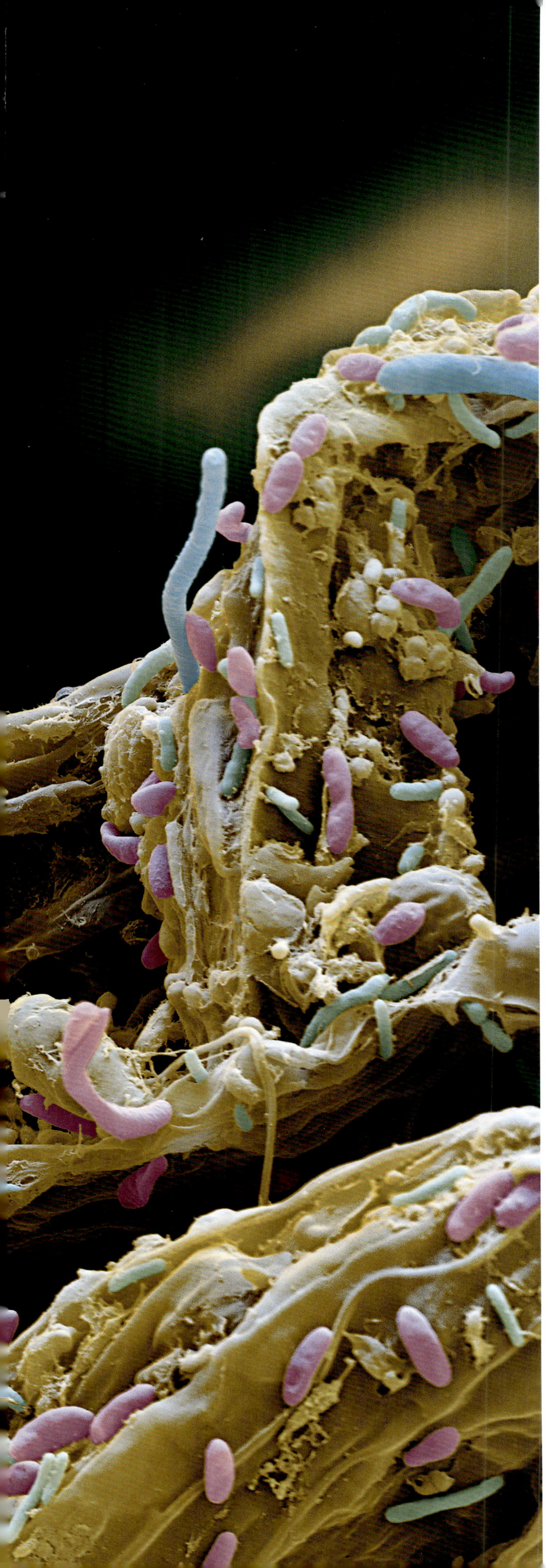

Die mikroskopisch kleinen einzelligen kugel-, stäbchen- oder spiralförmigen Wesen, die weder Tier noch Pflanze sind und selten größer werden als wenige Tausendstelmillimeter, können zu Milliarden jeden Quadratmeter Boden bevölkern. *Wie* diese unvorstellbaren Zahlen zustande kommen, wird klar, wenn man das gewaltige Vermehrungspotenzial von Bakterien bedenkt. Sie brauchen keinen Partner und verlieren deshalb auch keine Zeit mit Partnersuche und Balz. Sie teilen sich einfach. Aus eins mach zwei. Was dabei entsteht, sind Klone des Ausgangsorganismus. Da sich die schnellsten Bakterien bei optimalem Nahrungsangebot, idealer Temperatur und Feuchtigkeit alle 20 Minuten zweiteilen, kann aus einem einzigen Bakterium innerhalb von 24 Stunden leicht ein Heer von vielen Millionen werden.

Diese explosionsartige Vermehrung und mehr noch die schiere Artenvielfalt der Bakterien sind unvorstellbar. Es soll mehrere Zehntausende Arten geben … oder doch eher mehrere Millionen? Nur etwa zwei Prozent von ihnen sind überhaupt erforscht.

◂◂ vorherige Doppelseite Ohne Bakterien gäbe es unsere belebte Welt nicht, wie wir sie kennen. Das unvorstellbare Bakteriengewimmel im Boden wird in dieser Rasterelektronenmikroskop-Impression durch Kolorierung verschiedener Bakterientypen verdeutlicht. Über das Leben dieser mikroskopisch winzigen Gestalten ist noch wenig bekannt.

◂ Dieses Wimpertierchen (grau) – ein winziger Einzeller, dessen Körperoberfläche von zahlreichen »Wimpern« bedeckt ist – wirkt im Bakteriengewimmel wie ein Riese. Die Größten unter ihnen sind mit dem bloßen Auge gerade noch zu erkennen. Sie leben überall dort, wo sie ein Mindestmaß an Wasser finden. Schon ein dünner Bodenwasserfilm genügt.

Mit Hilfe der »Wimpern« können sich die Tierchen gezielt fortbewegen, ergiebige Nahrungsquellen ansteuern oder sogar Nahrungspartikel zu sich heranstrudeln.

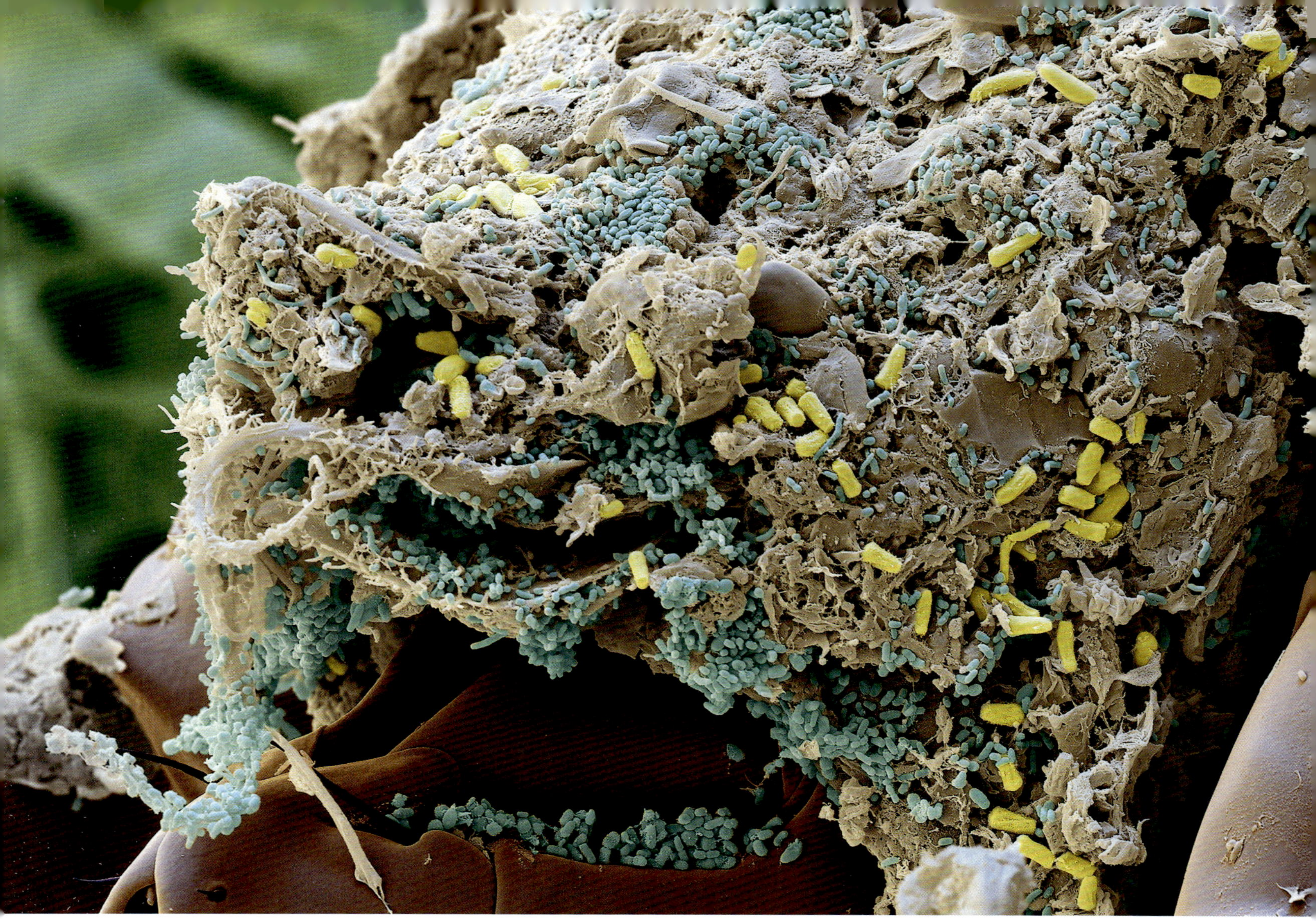

▲ Bakterien sind allgegenwärtig. Ihr fein abgestimmtes Zusammenspiel steuert Stoffkreisläufe und Ökosystemfunktionen. Aber die Frage, wie genau sich ihre Potenziale multiplizieren, lässt noch viel Raum für Forschung.

DIE GRUNDLAGE ALLEN LEBENS

Bakterien sind die Grundlage allen Lebens. Es beginnt damit, dass sie buchstäblich allgegenwärtig sind. Selbst in der Tiefsee, in der Antarktis, in Salzseen, in heißen Quellen und in den Tiefen der Erde leben sie. Ein erheblicher Anteil ist anaerob, das heißt, sie brauchen nicht einmal Sauerstoff zum Leben. Die Bakterien unter unseren Füßen treiben durchs Bodenwasser des Wurzelraums, haften an der Oberfläche von Wurzeln und in den hauchdünnen Poren des Bodens. Schon der zarte Wasserfilm, der in einem halbwegs feuchten Boden alle Partikel überzieht, genügt ihnen zum Leben.

Einige Bakterienarten können sogar aktiv schwimmen: Dazu werden lange, fadenförmige Geißeln propellerartig in Bewegung gesetzt und als Antriebsaggregat benutzt. Auf diese Weise können »begeißelte« Bakterien aktiv neue Nahrungsgründe aufsuchen, die sie mittels Chemorezeptoren orten. Andere wandern, indem sie auf einer selbst fabrizierten Schleimschicht dahingleiten oder sich mittels der Schleimhülle auf ihrer Körpermembran einfach an anderen Organismen festkleben und als blinde Passagiere mitreisen.

WARUM SO VIELE?

Verschiedene Arten von Organismen sind in unterschiedlichen Dingen unterschiedlich gut. Einige Bakteriengruppen sind Selbstversorger. Cyanobakterien beispielsweise können Photosynthese betreiben – eine Fähigkeit, die sie lange vor den Pflanzen entwickelt haben: Sie erzeugen aus Wasser und Kohlendioxid Kohlenhydrate. Das Chlorophyll in ihrem Zellkörper wirkt bei diesem aufwendigen Prozess als Katalysator, die notwendige Energie beziehen sie aus dem Sonnenlicht.

Das Gros der Bakterien aber ernährt sich von abgestorbener organischer Substanz. Abgefallene Früchte, tote Blätter, Tierleichen, Kot – alles wird von ihnen in seine Bausteine zerlegt, für das eigene Wachstum und die eigenen Lebensvorgänge genutzt und auf diesem Wege auch für andere Organismen zugänglich gemacht. Asseln und Regenwürmer, die Erde samt Detritus fressen, schlucken immer auch unzählige dieser winzig kleinen Nährstoffkapseln. Die Leistung von Wurm, Assel und Springschwanz, aus abgestorbenem Leben ein Nährsubstrat herzustellen, fußt immer auf Vorarbeit und Mitarbeit durch das Myriadenheer Namenloser.

ALLESFRESSER

Manche Bakterienarten verspeisen sogar unbeschadet das, was fast jedes andere Lebewesen schädigen würde: Sie zerlegen giftige Chemikalien in harmlose Bestandteile, gewinnen dabei Energie und nutzen die entstandenen Bausteine für ihr eigenes Wachstum. Diese Fähigkeit macht man sich in Kläranlagen und bei der Entgiftung verunreinigter Böden zunutze.

Etliche Bakterien vertilgen sogar Plastik. »Bakterien fressen eigentlich alles, was sie bekommen können«, berichtet der Mikrobiologe Prof. Dr. Wolfgang Streit von der Naturwissenschaftlichen Fakultät der Universität Hamburg. »Wenn keine anderen Nährstoffe da sind außer Kunststoffen, dann werden auch die probiert und, wenn möglich, mit Hilfe von Enzymen klein gehackt und dann verstoffwechselt.«

Zeichnet sich da womöglich eine Lösung für die Berge von Plastikmüll ab? Professor Streit schüttelt den Kopf. »Um eine PET-Flasche in der Natur abzubauen, brauchen Bakterien mindestens 500 Jahre, vielleicht auch länger.«

Wie schaffen es eigentlich einfachst aufgebaute einzellige Lebewesen, die im Schnitt ein Tausendstelmillimeter klein sind und keine Beißwerkzeuge haben, ihre oft sperrige Nahrung aufzuschließen? Sie brauchen keine Zähne, Kiefer oder dergleichen; sie scheiden Enzyme aus, die die Vorarbeit leisten. Das Enzym Zellulase zum Beispiel knackt die widerstandsfähigen Zellulose-Zellwände von Pflanzengewebe. Was dann an Nährstoffen anfällt, hat nur noch Molekülgröße und kann ohne Weiteres durch die Zellwand in die Bakterienzelle hineindiffundieren.

DIE MOLEKÜL-KNACKER

Die wichtigste aller erstaunlichen Bakterienfähigkeiten: Eine ganze Reihe von ihnen kann Luftstickstoff in Verbindungen überführen, die für Pflanzen als Nährstoffe nutzbar sind. Stickstoff ist ein lebenswichtiges Element für Pflanze und Tier; ohne Stickstoff könnte kein einziges Enzym, kein Eiweißstoff entstehen. Doch obwohl fast vier Fünftel der Atmosphäre aus Stickstoff bestehen, sind stickstoffhaltige Verbindungen im Boden oft knapp. Der Grund: Luftstickstoff liegt als »Zwillingsmolekül« N_2 mit äußerst stabiler dreifacher Molekülbindung vor. Das bedeutet: Es geht unter normalen Bedingungen mit nichts anderem eine chemische Verbindung ein und ist deshalb zunächst als Nährstoff für Pflanzen völlig wertlos. Erst wenn spezialisierte Bakterien unter hohem Energieaufwand und mittels der Katalysatorwirkung mehrerer Enzyme diese feste Molekülbindung im Luftstickstoff geknackt haben, können die stickstoffhaltigen Pflanzennährstoffe Ammonium und Nitrat entstehen.

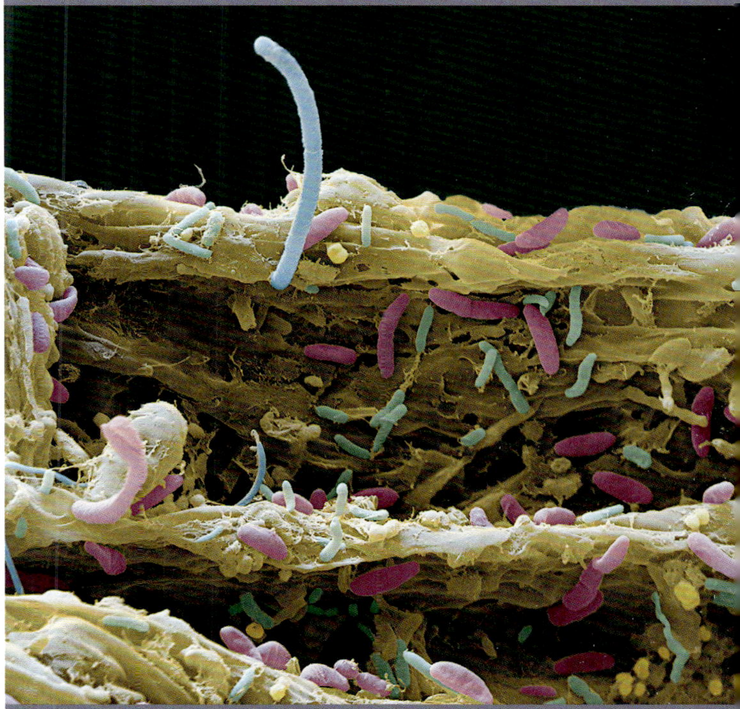

▲ Eins, zwei, viele … unendlich viele – Vermehrung im Stundentakt

STECKBRIEF

BAKTERIEN *Bacteria*

MERKMALE
Ende des 17. Jahrhunderts fand Antoni van Leeuwenhoek unter der Linse eines selbst gebauten Mikroskops winzige Lebewesen. Er hatte die Bakterien entdeckt. Bakterien können kugelförmig sein (Kokken), zylinderförmig, als Stäbchen oder spiralig auftreten, sie können sich zu Ketten aneinanderhängen, können sich als lange, verzweigte Fäden zu Myzelien vernetzen und mit Stielen oder Anhängen versehen sein.

LEBENSWEISE
Manche Bakterien sind zum Leben auf Sauerstoff angewiesen, andere gehen unter Sauerstoff zugrunde, manche können Photosynthese betreiben wie die Pflanzen, andere beziehen ihre Energie aus chemischen Prozessen. Viele haben eine Lebensdauer von einem Tag, das Bodenbakterium *Bacillus subtilis* dagegen soll 250 Millionen Jahre überstehen können.

Die allermeisten Bakterienarten – und damit sind geschätzte 95 bis 99 Prozent gemeint – sind wissenschaftlich nicht erfasst. Wir wissen also im Wesentlichen nur eines: dass wir sehr wenig über diese Welt der Winzigen wissen.

2 PILZE ÜBERWIEGEND UNSICHTBAR

Es gibt Populärwissen und Populär-un-wissen. Was das »Un-« anbelangt, lässt sich unter dem Stichwort »Pilz« mehr finden als bei anderen bekannten Lebewesen.

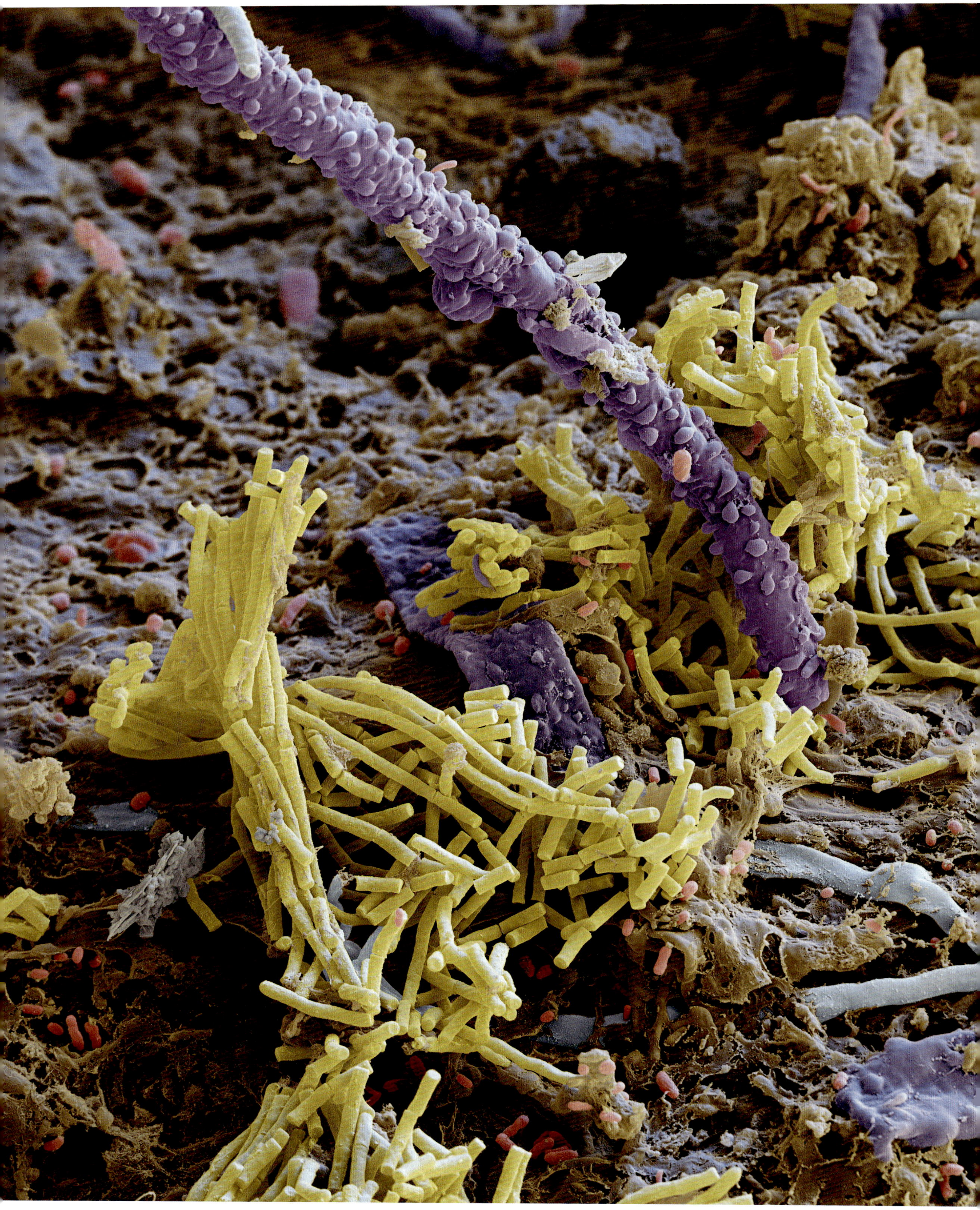

PILZE – DIE WICHTIGSTEN ALLESKÖNNER DER ERDE

Der britische Biologe und Wissenschaftsjournalist Merlin Sheldrake hat ein faszinierendes Sachbuch mit Schilderungen und Erläuterungen gefüllt, was Pilze können (»Entangled Life. How fungi make our worlds, change our minds and shape our futures«, 2020; dt. 2023, s. Literatur). Hier einige seiner Beispiele:

»Auf molekularer Ebene sind sich Pilze und Menschen so ähnlich, dass sie in vielen Fällen von den gleichen biochemischen Innovationen profitieren können. Wenn wir Arzneimittel anwenden, die von Pilzen produziert wurden, übernehmen wir häufig eine Lösung, auf die Pilze gestoßen sind, und nutzen sie für unsere eigenen Körper.«

Das weltweit berühmteste Beispiel für den Wissenstransfer vom Pilzlichen ins Menschliche ist das Penicillin. Der britische Wissenschaftler Alexander Fleming entdeckte 1928, dass ein Schimmelpilz namens *Penicillium notatum* Bakterien daran hindert, sich zu vermehren. Seine mit dem Nobelpreis dekorierte Entdeckung rettete seither Millionen von Menschenleben.

»Sechzig Prozent der industriell verwendeten Enzyme werden von Pilzen erzeugt, und 15 Prozent aller Impfstoffe sind Produkte gentechnisch veränderter Hefestämme. Von Pilzen erzeugte Zitronensäure ist Bestandteil aller Sprudelgetränke. […] Eine radikale, auf Pilzen basierende Technologie kann uns auch helfen, mit einigen der vielen Probleme fertigzuwerden, die sich durch die fortgesetzte Umweltzerstörung ergeben: Virushemmende Substanzen, die von Pilz-Mycelien produziert werden, vermindern das Bienensterben.

Den gierigen Appetit der Pilze kann man nutzen, um Umweltgifte wie beispielsweise das Öl nach einer Ölpest abzubauen, ein Vorgang, den man als Mykoremediation bezeichnet.

Bei der Mykofiltration lässt man verunreinigtes Wasser durch Matten aus Mycel laufen, die dann Schwermetalle ausfiltern und Giftstoffe abbauen. Mykofabrikation ist die Herstellung von Baumaterial und Textilien aus Mycel als Ersatz für Kunststoff und Leder in vielen Anwendungsbereichen. Pilzmelanine, die Pigmente, die von strahlenunempfindlichen Pilzen produziert werden, bilden eine vielversprechende neue Quelle für strahlungsresistente biologische Materialien.«

Und das alles beschreibt erst einen Bruchteil der unglaublichen Fähigkeiten von Pilzen.

Nein, Pilze sind keine Pflanzen, auch keine Tiere. Sie sind etwas »Eigenstämmiges«.

Nein, Pilze stehen nicht, wie lange fälschlich behauptet, den Pflanzen näher als den Tieren; eher umgekehrt: Mit Tieren haben sie mehr gemein als mit Pflanzen.

Nein, Pilze sind keine relativ kleinen Lebewesen. Dieser Fehlschluss kann leicht entstehen, wenn man den oberirdischen Samenständer eines Pilzes für den Pilz an sich hält. Aber das Objekt der Begierde von Pilzsammlern und Feinköchen ist nur eine Art Ausstülpung des ansonsten unterirdischen Lebewesens, von der Evolution hervorgebracht, um die Sporen in die Umwelt entlassen zu können.

Ein Exemplar des Dunklen Hallimasch erstreckt sich mit seinen unterirdischen Strukturen, dem Myzel, in einem Naturschutzgebiet in Oregon, USA bewiesenermaßen über eine Fläche von neun Quadratkilometern. Vorsichtige Schätzungen gehen davon aus, dass der Pilz rund 600 Tonnen wiegt und mindestens 2400 Jahre alt ist; das Helmholtz Institut spricht sogar von bis zu 8500 Jahren. Damit führt der ausufernde Pilz ganz offiziell den Titel »Größtes Lebewesen der Welt«. Ein Exemplar, das am Schweizer Ofenpass erforscht wurde, wird auf ein Alter von über 1000 Jahren geschätzt, dehnt sich über eine Fläche von 35 Hektar aus und ist damit vermutlich das größte Lebewesen Europas.

◂◂ vorherige Doppelseite Die Fruchtkörper eines winzigen Pilzes namens *Pezizella* wachsen hier auf abgefallenen Tannennadeln.

▴ Der Dunkle Hallimasch *(Armillaria ostoyae)* mit seinen massenhaft aufschießenden Fruchtkörpern ist eine der auffälligsten Pilzgestalten in den Wäldern der gemäßigten Zonen.
◂ Hefepilze der Gattung *Geotrichum* (gelb) sind Kosmopoliten. Sie siedeln sich auf fast allem an und gehören – meist unbemerkt – auch zur Normalflora des menschlichen Körpers.

▲ Pilzfäden überziehen ein zerfallendes Blatt. Pilze gehören zu den wenigen Lebewesen, die mittels spezieller Enzyme das ungemein stabile Lignin und die Zellulose im Holz abbauen können.

▶ Der Zweifarbige Harz-Rindenpilz ist ebenso hübsch wie unbeliebt – zumindest bei Hausbesitzern. *Resinicium bicolor* zerlegt nicht nur Totholz im Wald, sondern auch Dachstühle oder hölzerne Außenverkleidungen.

Bekannt – will sagen wissenschaftlich und mit Namen klassifiziert – sind heute etwa 148 000 Pilzarten, nur ein kleiner Bruchteil der 3,8 Millionen Arten, die Experten für real existent halten. Und während Sie diese Zeilen lesen, ist die Zahl der bekannten Pilzarten schon nicht mehr aktuell, denn jedes Jahr werden ca. 1 500 weitere Arten entdeckt. Wenn man unterstellt (und das darf und muss man wohl), dass alle Arten ihre Sonderstellung haben, ergibt sich eine Komplexität, die jenseits des Vorstellbaren liegt.

So auch die erst vor wenigen Jahren beschriebene Kommunikation unter Pilzen: »Ähnlich wie Nervenzellen sind Pilze offenbar in der Lage, mit Hilfe elektrischer Signale miteinander zu kommunizieren – und verfügen dabei sogar über eine Art Sprache mit unterschiedlich großem Wortschatz«, schreibt der britische Informatiker Andrew Adamatzky von der University of the West of England in Bristol. »Mathematische Analysen der Struktur dieser Signale enthüllen, dass sie in Sequenzen auftreten, die der Abfolge von Wörtern in menschlichen Sprachen ähneln. Verschiedene Pilzarten erzeugen dabei unterschiedlich komplexe Sätze.« Ob sie sich auch darüber austauschen, welches Futter wo in Myzel-Griffweite vorhanden ist?

Eine Großgruppe der Pilze leistet Großes beim Abbau organischer Materie, abgestorbener Pflanzen(teile) und toter Tiere. Sprichwörtlich und absolut unersetzlich ist die Fähigkeit etlicher Pilze, Holz zu »verschimmeln«. Nur bestimmte Pilze, besonders sogenannte Weißfäulepilze, können Totholz effizient aufarbeiten. Zwar ist der ganze Abbauprozess eine hochkomplexe Teamarbeit, an der vor allem Bakterien, Insekten und ihre Larven beteiligt sind, aber die Schlüsselposition haben Pilze inne, denn nur sie können das widerstandsfähige Lignin im Holz aufschließen und abbauen. (Lignin leitet sich vom lateinischen Wort »Lignum«, Holz, ab. Unter Lignin versteht man sehr widerstandsfähige Riesenmoleküle, die bis zu 30 Prozent der Zellwände von verholzten Pflanzen ausmachen und Holz erst zu dem werden lassen, was es ist.)

GEBEN UND NEHMEN

Zu den außerordentlichen Leistungen der Pilze gehört ihre Fähigkeit, unterirdisch ein Feinwurzelgeflecht (Mykorrhiza) auszubreiten, das Wasser und Nährsalze wie Nitrat und Phosphat an die Wurzeln von grünen Pflanzen liefert, während sie im Gegenzug Zucker beziehen, den Baum, Busch, Blume und Gras per Fotosynthese herstellen. Ohne diese Symbiose, ohne die Kooperation auf Basis gegenseitigen Nutzens, wäre – so jedenfalls sagen es uns die Evolutionsbiologen – die Begrünung der Kontinente mit höheren Pflanzen nicht möglich gewesen.

Damit dieses geniale Tauschgeschäft funktionieren kann, müssen sich Pilzgeflecht und Pflanzenwurzeln berühren und in gewisser Weise oberflächlich durchdringen.

In unseren Wäldern kommt die sogenannte Ektomykorrhiza am häufigsten vor: Das Myzel – die Gesamtheit der haarfeinen unterirdischen Pilzfäden – umhüllt wie ein dicht gewirktes Futteral die jungen, noch durchlässigen Wurzelenden und dringt mit seinen Pilzfäden in die Wurzelrinde, nicht aber in die Wurzelzellen ein. Die Wurzelspitzen des Baumes stellen daraufhin die Bildung von Wurzelhaaren ein und »delegieren« stattdessen die Versorgung mit Wasser und Nährsalzen an das Pilzmyzel, das übrigens dank seiner Feinststruktur sehr viel mehr Bodenvolumen durchdringt, als es die Baumwurzeln jemals könnten.

Was auf den ersten Blick wie Erwürgen oder feindliche Übernahme erscheint, bringt also Nutzen und Vorteil für beide Seiten, für Pilz und Pflanze. Und es gibt für die Pflanzen noch einen wertvollen Nebeneffekt: Die Ummantelung der Wurzeln mit Pilzfadengeflecht bietet einen gewissen Schutz vor Wurzelfressern und Infektionen.

► Mit »Pilz« meinen wir umgangssprachlich die Fruchtstände, die sich hier und da aus den oft quadratmeterweit vernetzten Pilzmyzelen nach oben schieben. Warum *Amanita muscaria*, der Fliegenpilz, trotz seiner Giftigkeit als Glücksbringer gilt, findet sich nirgendwo einleuchtend erklärt.

UNTERIRDISCHE TRITTBRETTFAHRER

Die Pilz-Grünpflanzen-Symbiose ist weit verbreitet. 90 Prozent aller Landpflanzen sind »Symbiose-anschlussfähig«. Das heißt allerdings nicht, dass neun Zehntel aller Arten immer, überall und vollständig diese Option nutzen. Warum nicht? Bei so viel Erfolg, bei so vieler NI (natürlicher Intelligenz) stellt sich die Frage, weshalb sich das Prinzip »Hyphen (Pilzfäden) statt Feinwurzeln« nicht total und restlos durchgesetzt hat.

Weil es anfällig ist. Wie alle Symbiosen. Es existiert eine Vielzahl von »Täuschern«, die in parasitischer Manier die Grünpflanzenwurzeln anzapfen, ohne eine Gegenleistung (etwa Nährsalzzufuhr oder perfekte Wasserzuleitung) zu erbringen. Und wie um die Parasitenabwehr der Pflanzen noch zu verkomplizieren, gibt es auch noch fließende Übergänge vom Wenig-Symbiontiker bis zum Total-Schmarotzer …

Die ausgeprägte Fähigkeit der Mykorrhiza-Pilze, Wasser und Salze perfekt ans Wurzelgeflecht von Grünpflanzen abgeben zu können, weckt Begehrlichkeiten bei Wissenschaftlern, geht es doch bei der Nutzpflanzen-Forschung immer auch um die Frage: Wie wird optimal ernährt und gedüngt? Die symbiontischen Pilze könnten uns womöglich das Zig-Milliarden-Dollar-Geheimnis ihrer Effizienz verraten.

In dem Wissenschaftsmagazin »Global Change Biology« vom 23. Oktober 2019 schreibt das Autorentrio Tom J. Thirkell, Daria Pastak und Katie J. Field über den möglichen Einsatz von Mykorrhiza-Pilzen in der Landwirtschaft: »Mykorrhiza-Pilze könnten noch eine wichtige Rolle spielen, wenn es darum geht, den Einsatz von Stickstoff- und Phosphordünger zu reduzieren und damit einen Beitrag zu einer groß angelegten nachhaltigen Bodenbewirtschaftung zu leisten.« (eigene Übersetzung) Das erscheint nicht zuletzt deshalb höchst erstrebenswert, weil Düngemittel üblicherweise aus fossilen Energieträgern (Erdgas) gewonnen werden, damit Treiber des Klimawandels sind und außerdem das Grundwasser belasten.

Pilze als Grundwasser- und Klimaschützer? Wir greifen nach jedem Strohhalm … beziehungsweise Pilzfaden!

▲ Echt zersetzend – Pilze sind Holzknacker *(Pezizella)*

STECKBRIEF

PILZE *Fungi*

MERKMALE

Im Mittelalter war man überzeugt, dass Pilze keine Lebewesen seien. Später sortierte man sie ins Pflanzenreich ein. Seit 1969 aber ist klar, dass Pilze weder Tiere noch Pflanzen sind. Sie bilden – gleichberechtigt neben beiden – ein eigenes Reich.

Bisher sind etwa 120 000 Pilzarten beschrieben worden, doch Wissenschaftler gehen von weltweit über drei Millionen Arten aus. Nach den Insekten sind die Pilze die artenreichste Organismengruppe überhaupt.

LEBENSWEISE

Wir ernähren uns unter anderem von Pilzen oder vielmehr von ihren Fruchtständen. Aber wovon ernähren sich Pilze? Vom Vorfabrizierten anderer Lebewesen, denn Photosynthese wie die Pflanzen können sie nicht betreiben. Dafür können Pilze aber etwas anderes: Sie können totes organisches Material – Blätter, Früchte, Holz, Horn, Fette – mittels Enzymen zersetzen und die gelösten Nährstoffe über ihre hauchfeinen Pilzfäden aufsaugen. Das Höchstmaß an Raffinesse ist erreicht, wenn Pilze und Pflanzen sich zu einer Funktionseinheit, einer sogenannten *Mykorrhiza*, zusammentun: Der Pilz bekommt von der Pflanze Photosyntheseprodukte, die Pflanze vom Pilz wertvolle Nährstoffe.

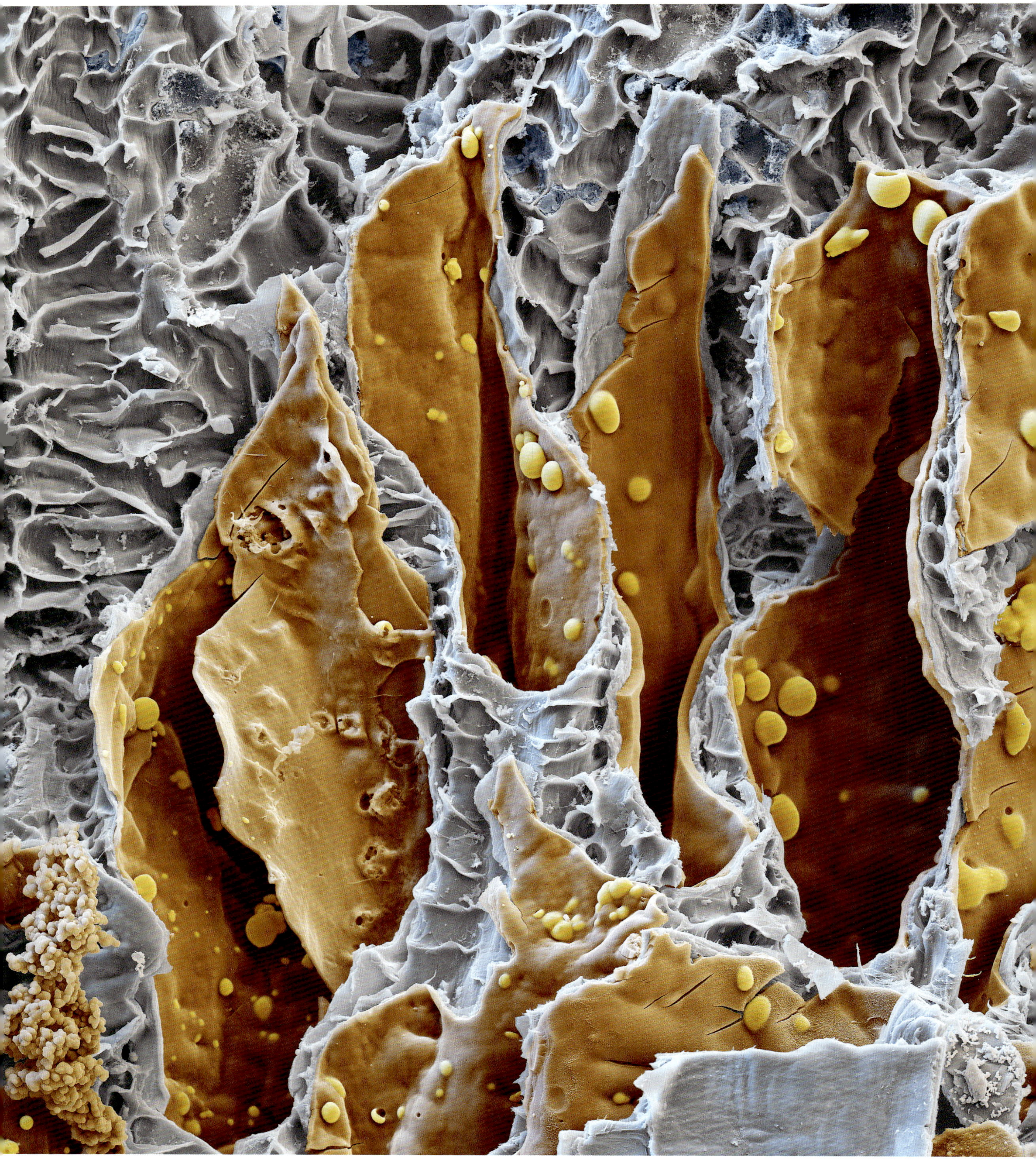

▲ Präzisionsarbeit im Kleinen: Die Pilzhyphen (grau) dringen in die Wurzelrinde (hellbraun) ein, und zwar so, dass die Zellen unberührt bleiben. In den Zwischenräumen zwischen den Zellen baut sich ein Netzwerk auf. Hier vollzieht sich der »Tauschhandel« zwischen Pilz und Pflanze.

▲ Schnitt durch eine Pflanzenwurzel, die von einem dichten Pilzgeflecht umsponnen ist. Dieser »Pelz« erledigt den Job der Nährstoffversorgung besser, als es die pflanzeneigenen Feinhaare an den Wurzeln könnten. Das ist der Grund, weshalb sich die Symbiose Pilz / Pflanze erdumspannend durchgesetzt hat: Das Perfekte ist besser als der Standard.

Im Zentrum der Wurzel (kleinere Zellen, graublau) fließen die nährstoffangereicherten Säfte und Wasser.

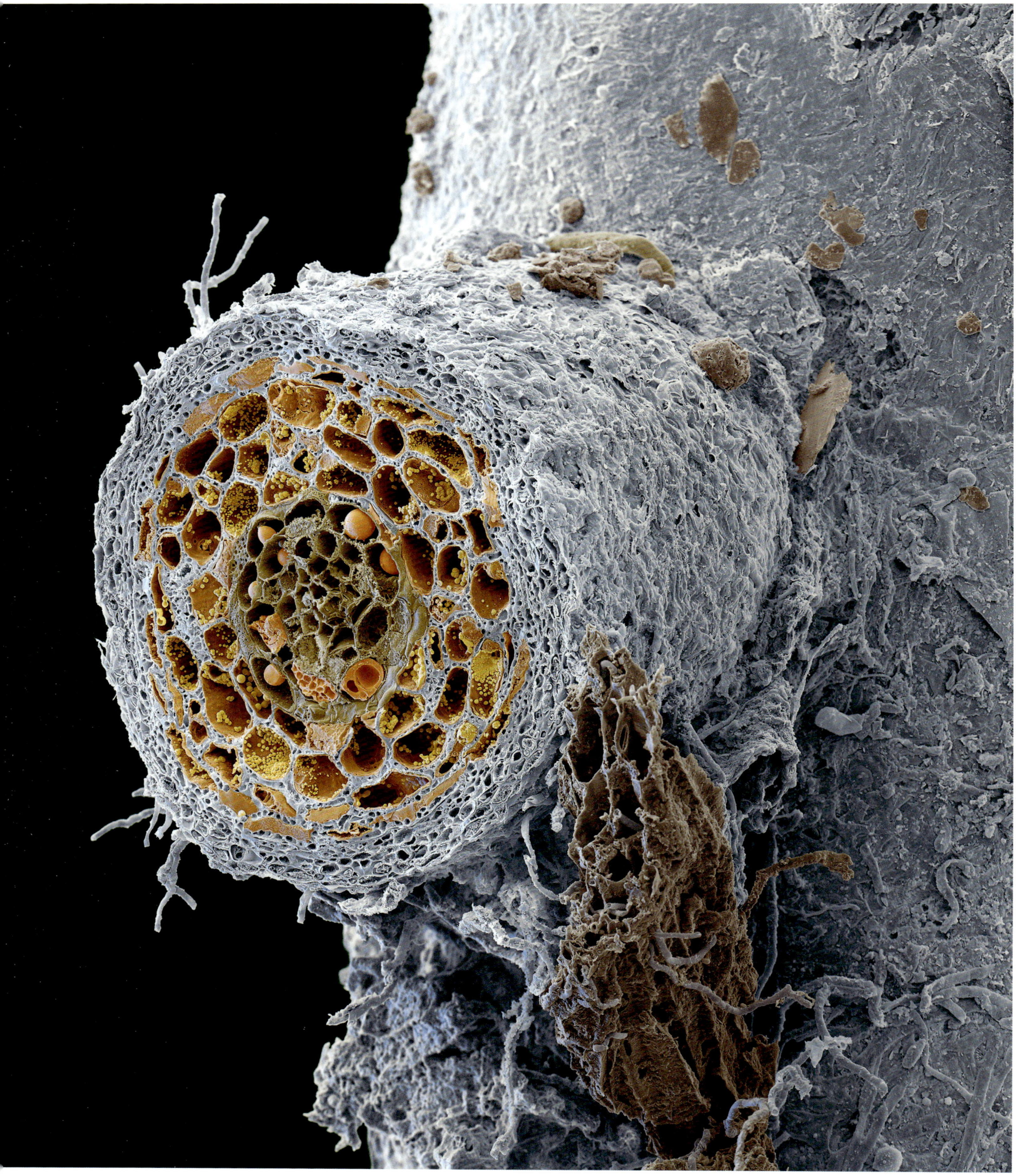

▲ Die aufgeschnittene Fichtenwurzel zeigt, wie Pilzhyphen die Pflanzenwurzel vollständig umwachsen. Die Hyphen dringen zwar in die Wurzelrinde, nicht aber in die Wurzelzellen ein, die gut zu erkennen sind. Im Zentrum steckt das Leitbündel, durch das Flüssigkeiten transportiert werden. Ohne Pilzunterstützung hätte die Besiedelung der Erde mit höheren Pflanzen wohl nicht so relativ schnell stattfinden können.

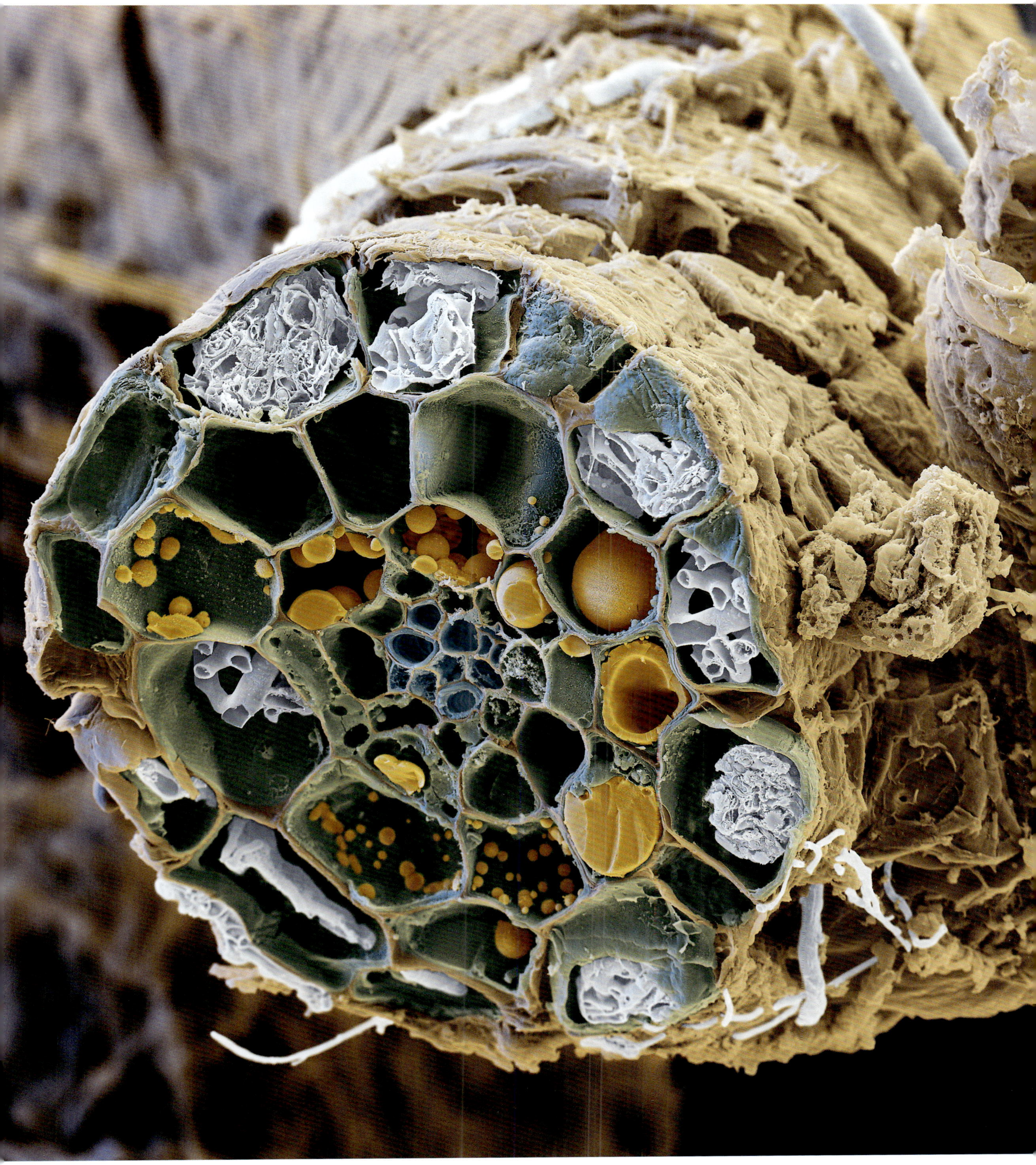

▲ *Mykorrhiza* an einer Heidelbeerpflanze. Anders als bei der Fichte (links) dringen die Pilzfäden (weiß) hier in die Pflanzenzellen ein. Neben den bekannten Vorteilen – vor allem Versorgungsoptimierung – erhöht diese freundliche Invasion auch die Trockenheitsresistenz der Pflanze – an extremen Standorten ein ganz besonderer Vorteil. Die kugeligen, nougatfarbigen »Füllungen« sind Phenoltröpfchen, teils durchschnitten.

3 MILBEN DIE UNERSÄTTLICHEN

Wenn von Horn-, Moos-, Panzer- oder Käfermilben die Rede ist, sind immer die gleichen Tiere gemeint: winzige Wesen aus der Gruppe der Arachnida, der Spinnentiere. Milben haben also mit Insekten überhaupt nichts zu tun; sie sind vielmehr mit Spinnen, Skorpionen und Zecken verwandt.

Beim Stichwort Milben denken wir meist an Lästlinge wie Zecken, Hausstaubmilben oder Varroamilben, die weltweit verhassten Honigbienenkiller. Hier soll es zur Abwechslung mal nur um »die guten« gehen: um Hornmilben, die rundlichen, chitingepanzerten Bodenarbeiter, die selten größer als einen Millimeter werden, die leicht zu übersehen, aber nicht zu ignorieren sind. Beeindruckend ist ihre Artenvielfalt. Allein auf dem Gebiet Deutschlands soll es mindestens um die 1000 Arten geben. Weltweit sind etwa 63000 Arten beschrieben worden (Adam Mickiewicz University, Posen) und jedes Jahr kommen etwa 300 neue Arten dazu. Sicher ist nur eines: Es sind sehr, sehr viele.

DAS HUNGRIGE HEER

So eindrucksvoll wie die Artenzahl ist auch die Siedlungsdichte der Hornmilben. Bei idealen Lebensbedingungen können – davon gehen Wissenschaftler des Senckenberg Museums für Naturkunde in Görlitz aus – ohne Weiteres 200000 dieser Milben auf einem Quadratmeter leben. So ein idealer Lebensraum sind zum Beispiel die Streuschicht und die oberen Zentimeter der Humusauflage in den Wäldern gemäßigter Breiten. Dort fressen sie fast alles, was sich an Detritus bietet: von abgefallenen Blättern über Pilzsporen, Pilzhyphen, Algen, Pollen und Bakterien bis zu totem Kleinstgetier. Etliche Arten verspeisen sogar Holz und tragen damit erheblich zur Humusbildung bei. Derart schwer verdauliche Nahrung können sie allerdings nur verwerten, weil in ihrem Inneren Mikroorganismen leben, die widerstandsfähige Substanzen wie Zellulose und Lignin für sie aufschließen. Da jedes Lebensstadium der verschiedenen Milbenarten seine eigenen Nahrungsbedürfnisse hat, setzt sich auch ihre Darmflora je nach Alter unterschiedlich zusammen. Besonders artenreich und aktiv ist die Symbiontengemeinschaft, die in den Eingeweiden *junger* Milben zu Hause ist.

Hornmilben spielen nicht nur ihrer schieren Zahl wegen eine wichtige Rolle in den Stoffkreisläufen der Böden. Sie haben anderen Zersetzern voraus, dass sie auch noch in sauren Waldböden bei niedrigen pH-Werten aktiv und leistungsstark sind, wo andere Humusfabrikanten kein Chitinbein mehr an den Boden kriegen.

◂◂ vorherige Doppelseite Die Hornmilbe (rechts) ist wohl auf der sicheren Seite, jedenfalls orientiert sich die Raubmilbe (Mitte) in die andere Richtung. Womöglich könnte der Borstenwurm (links) sie interessieren. Ein vermodernder Baumstumpf bietet Beute und Verstecke. Die weißen Kügelchen in einer seiner Spalten sind Kotbällchen von Milben, die offenbar großen Wert auf Reinlichkeit legen.

GIFTZWERGE

Der Hornmilbenbestand eines Hektars Bodenfläche kann bis zu 20 Kilogramm ausmachen. Da die winzigen Krabbeltiere zudem nicht zu den Schnellsten gehören, könnte man eigentlich erwarten, dass sie ein gefundenes Fressen für eine Vielzahl von Jägern sind. Doch die Winzlinge wissen sich zu wehren: Der Körper vieler Hornmilben ist mit borstigen Haaren besetzt, die den Fressgenuss erheblich trüben dürften.

Kleinere Fressfeinde wie Raubmilben scheitern oft schon an der starken Panzerung. Und schließlich können etliche Hornmilbenarten bei Gefahr auch noch ihre Beine in Körpervertiefungen einziehen und den Körper zusätzlich mit speziellen Verschlussklappen zu einer unangreifbaren Kugel abdichten.

All diese Abwehrmechanismen helfen zwar nur bei kleineren Angreifern, doch auch weit überlegenen Feinden haben die winzigen Milben etwas entgegenzusetzen. In einer Versuchsreihe der Universität Tübingen zeigte sich, dass Hornmilben großen räuberischen Käfern erfolgreich den Appetit verdarben, indem sie aus Drüsen auf dem Rücken ein unangenehmes Sekret ausschwitzten. Nach dem ersten Angriffsversuch ließen die Käfer ihre Opfer unbehelligt weiterkrabbeln. »Das ist vergleichbar mit einem Kaninchen, das einen ausgewachsenen Tiger in die Flucht« stänkert, erklärt Professor Michael Heethoff, der mit seinem internationalen Team das Forschungsprojekt leitete.

KRAFTPAKETE

Übrigens ist, wie ebenfalls Professor Heethoff herausfand, nicht der Afrikanische oder der Asiatische Elefant das stärkste bisher bekannte Landlebewesen, sondern eine tropische Verwandte unserer Hornmilben. *Archegozetes longisetosus* ist nur einen Millimeter groß, lebt im Boden von Algen und Pilzen und hat auffallend starke Grabklauen. Die Forscher setzten die Milben auf einen rauen Untergrund, wo sie sich mit ihren Klauen festhalten konnten, und versuchten dann, sie hochzuheben. Erst bei einer Zugkraft, die dem 1180-fachen des Milbengewichts entsprach, ließen die Versuchstiere los! Zum Vergleich: Der menschliche Guinness-Weltrekord für Zugkraft wird von dem österreichischen Kraftsportler Martin Hoi gehalten. Er brachte es 2023 auf eine Zugkraft von 212,4 Kilogramm. Das entspricht dem 1,12-fachen seines Körpergewichts – im Vergleich zur Leistung der Milbe ein schwächlicher Versuch.

▲ Was fehlt? Die Augen? Nein, nicht wirklich. Alles, was Hornmilben sich einverleiben wollen, können sie blind finden. Und es gibt nur wenig Organisches, das sie für ungenießbar halten. Selbst Giftiges – fettlösliche Alkaloide – vertilgen sie. Und das nicht zu knapp. Die berühmt-berüchtigten Pfeilgiftfrösche beziehen ihr Gift aus verschluckten Hornmilben, die zuvor Giftiges verspeist haben.

Hornmilben der Gattung *Phthiracarus* können sich bei Gefahr fast fugendicht in ihrem Kugelpanzer verbarrikadieren. Gut möglich, dass auch die vereinzelten stacheligen Haare potenzielle Fressfeinde abwehren.

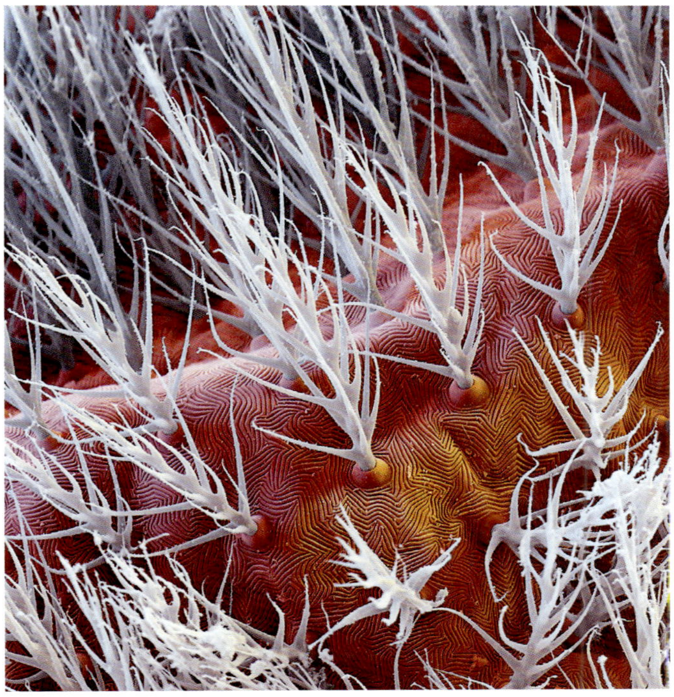

Die Samtmilbe *Trombidium holosericeum* ist eine der größten und auffälligsten Milbenarten in unseren Breiten. Die dicht behaarten (Detailbild unten), leuchtend roten Tiere sehen aus, als seien sie mit Samt überzogen. Samtmilben jagen Kleintiere und verspeisen Insekteneier.

Die Milben der Gattung *Carabodes* kommen über den ganzen Erdball verstreut vor. Fast könnte man meinen, sie seien auch außerirdisch unterwegs: Einige der Ex-Terrestrier in den einschlägig bekannten Science-Fiction-Blockbustern tragen Körperpanzer mit der *Carabodes*-typischen geschwungenen Krempe. Rechts eine Detailaufnahme der Milbenantenne.

Eine Hornmilbe aus der Familie der *Damaeidae*. Die langen Beine sind ihr Markenzeichen. Die meisten Familienangehörigen haben sich auf Pilznahrung spezialisiert. Noch nicht geschlechtsreife *Damaeidae* tarnen sich gern mit allem möglichen »Abfall«.

▲ Fressen und gefressen werden – Müllverwerter und Jäger

STECKBRIEF

MILBEN *Acari*

MERKMALE
Milben sind keine Insekten, sondern gehören, wie ihre acht Beine verraten, zur Verwandtschaft der Spinnen. Augen wird man bei vielen Arten vergeblich suchen; sie tasten sich erfolgreich durchs Leben. Noch überraschender: Die meisten Milben sind buchstäblich herzlos. Da ihre Muskulatur die Körperflüssigkeiten in Bewegung hält, brauchen sie keine »Pumpe«.

LEBENSWEISE
Milben haben von der Tiefsee über die Gezeitenzone bis hin zu Wüsten alle möglichen Lebensräume besiedelt; etwa die Hälfte aller bekannten Arten lebt im Boden, zernagt abgestorbenes Pflanzengewebe und trägt damit erheblich zur Humusbildung bei. Unter Milben sind aber auch Jäger, Aasfresser oder Pflanzenfresser zu finden. Wieder andere Arten leben von abgestorbenem Körpergewebe oder parasitieren an Tier, Mensch und Pflanze.

Sogar in der Lebensmittelbranche finden sich Milben – entweder als Lebensmittelschädlinge oder überraschenderweise als Zuarbeiter der *Haute Cuisine*: Ohne die Mehlmilbe *Acarus siro* gäbe es den französischen Mimolette-Käse mit seinem unverwechselbaren nussig-zitronigen Aroma nicht. Die »Käsemilben« hinterlassen auf der schrundigen Rinde reifer Mimolette-Kugeln eine Kraterlandschaft an Fraßlöchern – und ihren Kot. Ihm verdankt der Mimolette seine spezielle Geschmacksnote.

RAUBMILBEN – FUTTERN WIE DIE SPINNEN

Einem Tier die martialische Silbe »Raub« im Namen zu verpassen, bedeutet eigentlich nur, dass sich besagtes Lebewesen nicht von Pflanzen, Detritus oder Aas, sondern von lebender Beute ernährt, die es zum Verzehr tötet. Wissenschaftler des Senckenberg Museums in Görlitz gehen davon aus, dass es in Europa 800 bis 1 000 Arten Raubmilben gibt, die im oder auf dem Boden jagen. Im Gegensatz zu den gemächlich herumkrabbelnden Hornmilben sind Raubmilben gut zu Fuß und äußerst reaktionsschnell. Ihre Jagdtechnik ist hocheffizient: Sie ertasten ihre Beute mit den Vorderbeinen, schneiden sie mit den scherenartigen gezähnten Cheliceren (Kieferklauen) blitzschnell an, spritzen Verdauungssaft in die Wunde, kneten das Opfer gründlich durch und saugen dann das verflüssigte, vorverdaute Innere nach Spinnenart ein. Auf diese Weise verspeisen Raubmilben beachtliche Mengen an Fadenwürmern, Springschwänzen, Insektenlarven und Insekteneiern.

Aber ihr Ruf als Superschädlinge ist spätestens seit Auftreten einer Massenepidemie gefestigt. In die Kategorie »Weltnachrichten« – und das sind bekanntlich fast immer *bad news* – brachte es eine Milbenart, die ihre Furchtbarkeit schon in ihrem lateinischen Namen anzeigt: *Varroa destructor.*

Die Varroamilben – ausgewachsene Tiere sind ca. 1 Millimeter lang und 1,6 Millimeter breit – entwickeln und vermehren sich im Bienenstock. Im Nymphenstadium leben alle »Bienenkiller-Milben« in verdeckelten Honigbienen-Brutzellen (die Varroa-Männchen bleiben dort lebenslang). Die adulten Weibchen klammern sich, sobald sie die Bienenbrutzellen verlassen haben, (meist) an der hinteren Bauchseite von Arbeitsbienen fest und saugen von deren innerer Substanz, vor allem vom Bienen-Fettgewebe.

Die befallenen Bienen verkümmern, entwickeln sich verlangsamt und / oder siechen zu Tode.

Unverstanden war bis vor einiger Zeit der Umstand, dass befallene Bienen spurlos verschwinden. Man weiß jetzt, dass Bienen, die den Parasiten als Fluggepäck mitschleppen, ihren Orientierungssinn einbüßen und nicht mehr heimfinden.

Das (Honig-)Bienensterben – die Milbe ist nur ein, allerdings ein wesentlicher, »lethaler Faktor« – gilt bei Imkern heute als kalkulierbar und beherrschbar.

Andere Milben dagegen sind durchaus beliebt. Gärtner und Landwirte schätzen die kleinen Krabbeltiere mit dem großen Appetit sehr und setzen sie gezielt in Gewächshäusern und Kulturen ein, etwa wenn Fransenflügler, Spinnmilben oder Fadenwürmer ihre Ernte bedrohen. Schon in den Dreißigerjahren des vergangenen Jahrhunderts wurden in Australien Raubmilben gezielt auf Feldern mit großer Springschwanz-Dichte ausgesetzt.

Raubmilben sind hocheffiziente Jäger: Sie ritzen ihre Opfer mit ihren scherenartigen Kieferklauen an, spritzen Verdauungssekret in die Wunde und saugen das verflüssigte Innere auf. Was sie mit der Boden- bzw. Humusbildung zu tun haben? Es gilt auch untertage das ökologische Universalprinzip: Räuber halten die Bestände ihrer Beutetiere vital. Sie verhindern ungesunde Überpopulationen von vegetarischen Bodenbildnern.

►► folgende Doppelseite Die Raubmilbe aus der Gruppe Gamasina ernährt sich von Nematoden und anderen Milben. Sie krabbelt hier über Totholz, das mit Bakterien und Pilzhyphen überzogen ist. Rechts unten sind zwei Amöben zu erkennen (gelb).

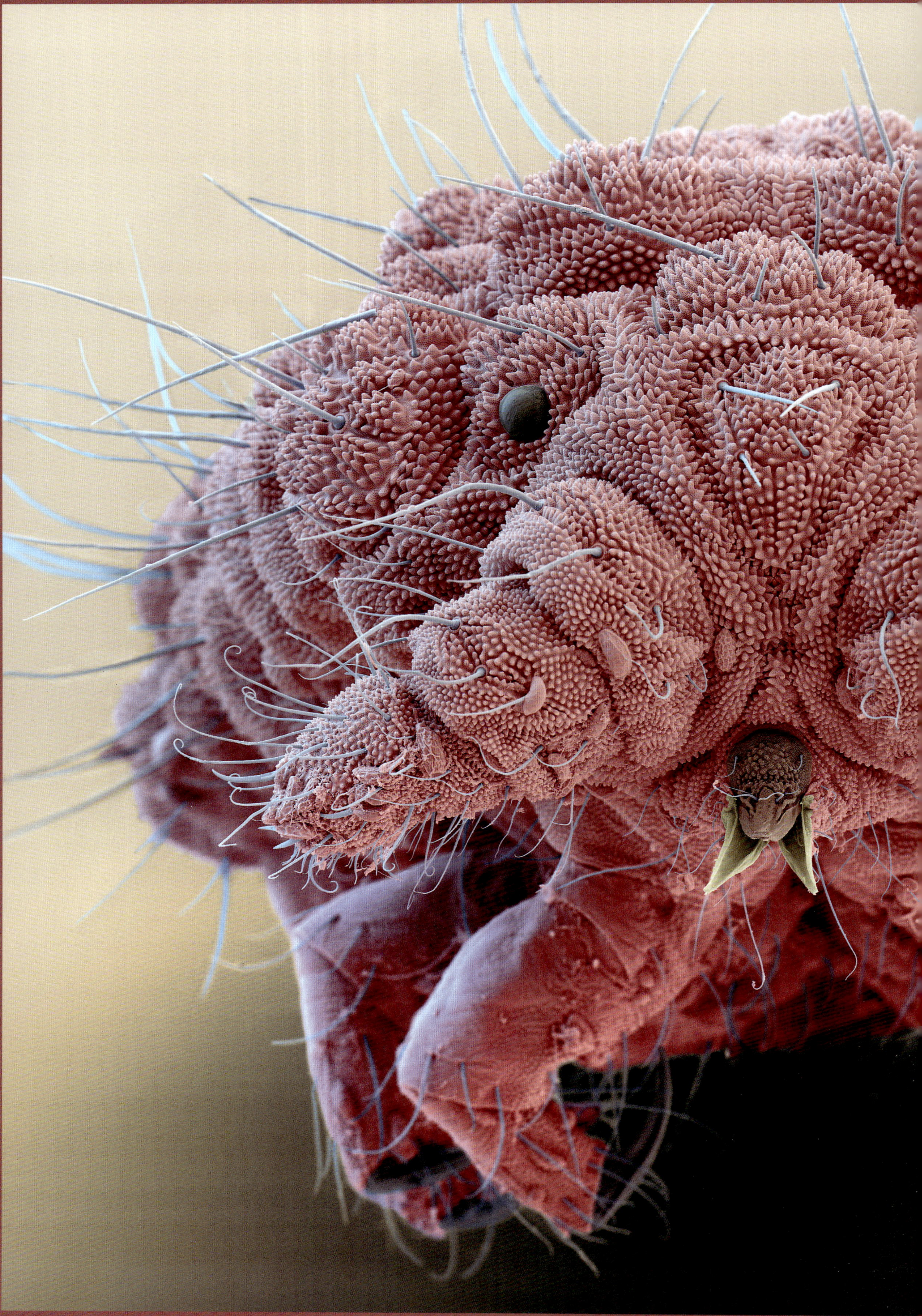

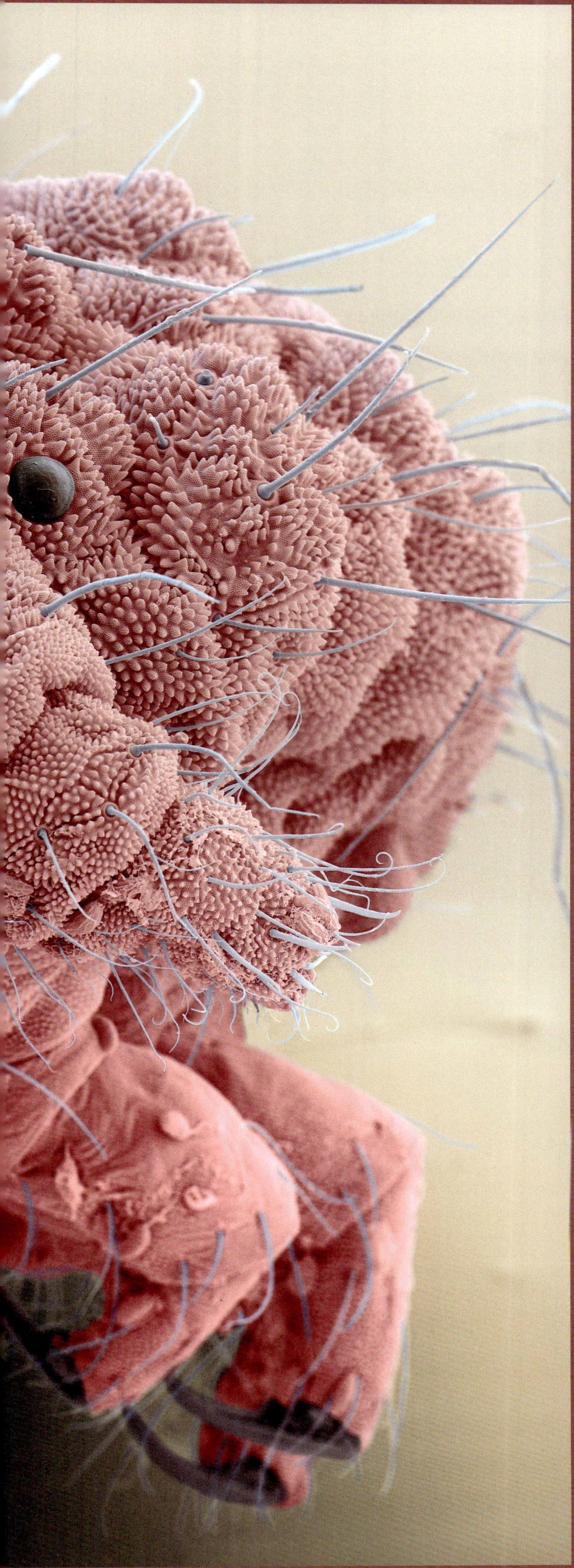

4 SPRING-SCHWÄNZE

DIE MIT DER SPRUNGGABEL

Wenn man ein wenig im feuchten Laub wühlt oder in modernden Baumstümpfen oder im Komposthaufen herumstochert, wuseln und hüpfen sie einem scharenweise entgegen: Springschwänze (Collembolen) – winzige, ungeflügelte Wesen, meist zwischen einem und fünf Millimeter klein –, die sich überall dort wohlfühlen, wo es gleichmäßig feucht ist und genug zu fressen gibt.

Mit Hilfe ausgefeilter Analysemethoden ist es Spezialisten gelungen, in Deutschland 522 verschiedene Arten dieser Winzlinge zu unterscheiden und zu beschreiben. Weltweit soll es an die 9 400 Arten geben.

Die Futtersuche ist für Collembolen meist denkbar einfach, denn sie fressen (fast) alles: von abgefallenen Blättern, Algen und Pilzgeflecht über Tierkot und Aas bis zu Pollen und Mikroorganismen. Sie gehören damit zu den wichtigsten Vorarbeitern, wenn es um die Humusbildung geht. Alles wird zerkleinert und zerknabbert, was im Endeffekt dem Heer der Zersetzer die Weiterverarbeitung erleichtert.

Bei Terrarianern sind Springschwänze wegen ihrer segensreichen Gefräßigkeit ungemein beliebt. Leben Collembolen in einem Terrarium, gibt es weder Probleme mit Schimmelbefall noch mit faulenden Futterresten. Alles wird säuberlich gefressen, abgeräumt, verarbeitet. Springschwanz-besiedeltes Substrat, das der Fachhandel für Terrarienfreunde anbietet, erfreut sich großer Nachfrage.

HOCHGESCHWINDIGKEITS-VERMEHRER

Collembolen zählen zu den vermehrungsfreudigsten Lebewesen im Tierreich. Wo es ihnen behagt, explodiert ihre Zahl geradezu. In den obersten 20 Bodenzentimetern können pro Quadratmeter an die 200 000 der winzigen Hüpfer leben. Und sollte der Boden nach Regenphasen bis in die letzte Pore überschwemmt sein, können sie dank ihrer wasserabstoßenden Körperhülle in Luftblasen überleben, bis der Wasserspiegel wieder gesunken ist. Dank dieser Schutzhülle können Springschwänze übrigens bis zu 14 Tage lang auf der Wasseroberfläche dahintreiben wie Fettaugen auf der Suppe; bei entsprechender Strömung bringen sie es auf Reisestrecken von mehreren Hundert Kilometern. Die Vulkaninsel Surtsey, die 1963 vor der Südküste Islands als steriles Neuland aus dem Meer auftauchte, wurde auf diese Weise von angetriebenen Springschwänzen besiedelt. Angewehte Pollenkörner und angeschwemmte Pflanzenreste waren die erste Nahrung der Pioniere. Dank der angelandeten Winzlinge konnte auf Surtsey, dem meergeborenen Ödland, der Prozess der Humusbildung beginnen.

◂◂ vorherige Doppelseite Porträt eines Springschwanzes der Gattung *Bilobella*. Besonders unter Terrarianern sind diese Tiere beliebt: Sie sind hübsche rote Farbtupfer, beseitigen alle Futterreste und können auch noch von den Insassen verspeist werden.

▾ Fuß und …

▾▾ … Borste eines Springschwanzes. Bei Springschwänzen sind Füße mit Doppelkralle durchaus verbreitet. Bodenbewohnende Arten haben oft sogar noch Zähne oder Lamellen auf den Krallen – vermutlich der Trittsicherheit zuliebe.

▸ Nein, nicht Springschwanzmutter und -kind beim Spaziergang auf Totholz, sondern vermutlich zwei verschiedene Spezies. In der artenreichen Welt der *Collembolen* gibt es Riesen und Zwerge.

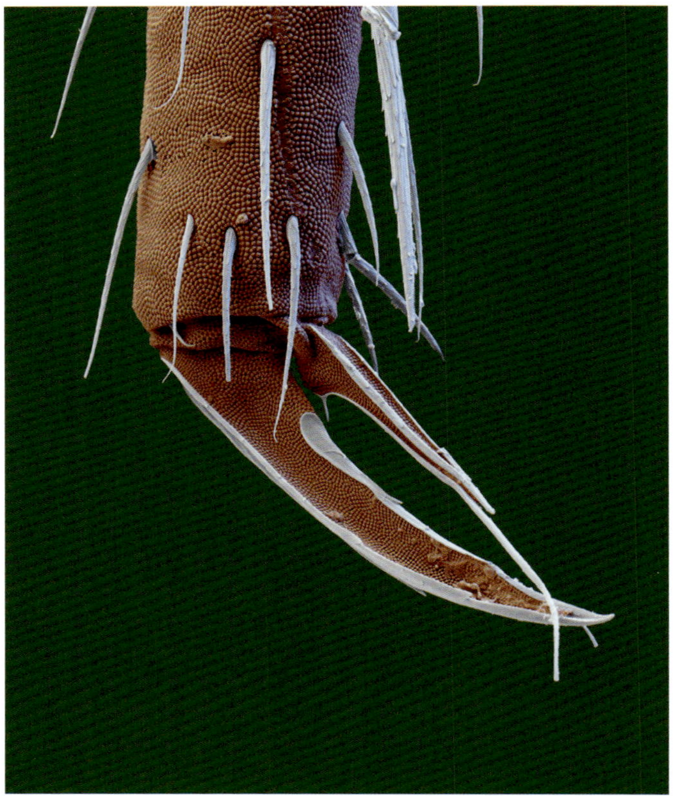

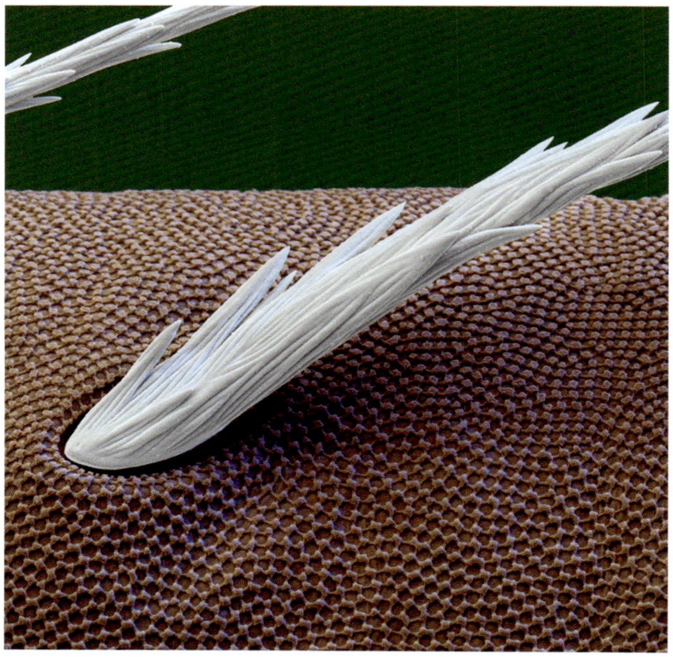

SPRUNGARTISTEN

Wenn Springschwänze sich bedroht fühlen, tun sie das, was ihnen den Namen gegeben hat: Sie suchen wild hüpfend das Weite. Ihre Sprünge sind zwar völlig ziellos, aber sie genügen (meist), um sie aus der Gefahrenzone zu bringen und Angreifer zu verwirren. Ihr Antriebsaggregat ist ein gabelförmiger Fortsatz am vierten Hinterleibsegment, den sie im Ruhezustand nach vorne unter den Bauch geklappt tragen, wo er unter Spannung in einer Haltevorrichtung einrastet. Löst der Springschwanz diese Arretierung, schnalzt die Sprunggabel innerhalb von 18 Millisekunden nach unten und katapultiert das Tier in mehreren Salti in die Höhe. Rekordspringer unter den Collembolen hüpfen bis zu 20 Zentimeter weit.

Springschwanzarten, die nicht in der Streuschicht, sondern in den engen Bodenporen leben, kämen mit dieser raffinierten Sprungtechnik allerdings nicht weit. Kein Wunder, dass die Sprunggabeln bei ihnen reduziert sind oder sogar ganz fehlen. Doch auch die Unterirdischen sind Jägern nicht hilflos ausgeliefert. Sie verderben Feinden mit Wehrsekreten den Appetit.

Die meisten Springschwänze sind mit dem bloßen Auge gerade mal als Pünktchen oder kleine Striche wahrnehmbar. Umso erstaunlicher, dass diese Winzlinge es immer wieder in die Schlagzeilen schaffen, nämlich immer dann, wenn sie anfangen zu wandern. Ein besonders eindrucksvoller Massenmarsch wurde im Mai 1996 in der Nähe von Silz in Tirol beobachtet. Spaziergänger hatten auf einer stillgelegten Straße mehrere etwa einen Quadratmeter große Flecken einer unbekannten rotbraunen Substanz entdeckt, die langsam dahinzufließen schien. Sie vermuteten eine gefährliche Chemikalie und alarmierten die Feuerwehr, die in Schutzanzügen und mit Atemschutzgeräten anrückte und die merkwürdige Masse absaugte. Erst Stunden später stellte sich heraus, dass es sich um unzählige winzige Tiere handelte, um harmlose Collembolen, die offenbar ihre Nahrungsressourcen erschöpft hatten und nun auf dem Weg zu einer ertragreicheren Gegend waren.

▾ Wo Springschwänze optimale Lebensbedingungen vorfinden, können sie sich explosionsartig vermehren – ein gefundenes Fressen für die Lokalpresse, wenn irgendwo vor lauter »Krabbelgetier« der Erdboden nicht mehr zu sehen ist. Die Schlagzeile beginnt dann notorisch mit: »Invasion der …«

▲ Jedes Insekt gehört zu den Sechsfüßern, aber nicht jeder Sechsfüßer ist ein Insekt. Springschwänze sind Sechsfüßer, aber keine Insekten, auch wenn sie sechs Beine und Antennen haben. Ihnen fehlen die Flügel, sie haben statt der Facettenaugen nur ein paar Einzelaugen. Dazu kommen noch ein paar weitere Feinheiten im Körperbau, Besonderheiten, die allerdings nur der Spezialist unter dem Mikroskop entdecken kann.

▲ Ein Markenzeichen der Kugelspringer sind die auffallend langen Antennen und die deutlich erkennbaren Einzelaugen (Ommatidien), die ganz oben am Kopf sitzen (schwarz).

▲ Bei diesem Springschwanz ist die Sprunggabel besonders stark ausgeprägt. Bei bodenbewohnenden Arten ist sie oft verzwergt oder fehlt sogar.

▲ In *Collembola* steckt das griechische Wort Kolla (Leim). Springschwänze können sich mittels klebriger Bläschen auch auf glattem Untergrund halten. (Bunter Springschwanz *Orchesella flavescens)*

STECKBRIEF
SPRINGSCHWÄNZE *Collembola*

MERKMALE
Die meisten Springschwanzarten sind nur zwischen einem und fünf Millimeter lang. Manche leben *im* Boden, andere *auf* dem Boden, am liebsten in der Laubstreu. Wer wo zu Hause ist, lässt sich schon am Äußeren unterscheiden: Die oberirdischen sind meist dunkel pigmentiert, pelzig oder schuppig und nicht selten arttypisch gemustert. Die unterirdischen sind in der Regel blässlich bis weiß und nackt; außerdem fehlt bei ihnen sinnvollerweise die Sprunggabel: Warum und wie sollte man auch unter der Erde springen? Wehrlos sind die unterirdischen dennoch nicht: Sie können Angreifern mit einer Art Wehrsekret den Appetit verderben.

LEBENSWEISE
Für das Gros der Springschwanzarten gilt: Sie fressen alles, was organischer Abfall ist. Es gibt aber auch Arten, die sich auf Pilze, Algen oder Pollen spezialisiert haben. Ihre Mundwerkzeuge sind unauffällig, fast unsichtbar und liegen in einer Art Mundtasche.

Die namensgebende Sprunggabel am Hinterteil funktioniert so ähnlich wie ein Katapult: Die Gabel ist permanent unter Spannung arretiert und wird erst dann blitzschnell ausgelöst, wenn Flucht angesagt ist. Flucht ist bei *Collembolen* relativ: Sie können sich nicht zielgerichtet an einen Ort ihrer Wahl fortschleudern, sie schnalzen sich einfach aufs Geratewohl in die Luft. Aber das genügt oft, um den Feind zu verwirren und abzulenken.

… EIGENTLICH KEIN INSEKT

Immer wieder wird auf Internetseiten für Hobbygärtner nach Tipps gefragt, wie man Springschwänze aus Blumentopf und Garten vertreiben kann. Die Fachleute antworten auf solche Fragen meist: Man möge doch den Hüpfern mit Gelassenheit begegnen. Immerhin seien sie nicht nur völlig harmlos, sondern meist sogar hilfreich. Sie sorgten dafür, dass abgestorbenes Pflanzenmaterial abgebaut und die enthaltenen Nährstoffe für die Pflanzen verfügbar gemacht würden.

2016 schien es dem Senckenberg Deutschen Entomologischen Institut in Müncheberg an der Zeit, einen Schritt weiter zu gehen und pressewirksam und nachdrücklich auf die ungeheure Bedeutung von Bodenlebewesen hinzuweisen. Der Dunkelbraune Kugelspringer, ein Collembole, der genauso wie seine Verwandtschaft eigentlich kein Insekt, sondern ein Sechsfüßer ist, wurde zum »Insekt des Jahres« gekürt. Ein vier Millimeter großer Springschwanz wurde quasi zum Pressesprecher für die unübersehbare Schar von Bodenorganismen, die für die Gesundheit der Böden lebenswichtig ist.

▼ Typisch für die Springschwänze ist, dass ihre Mundwerkzeuge in einer Art Tasche verstaut und verborgen sind. Dieser Vorrichtung verdanken Springschwänze und ihre Verwandten den sperrigen Namen Sackkiefler.

▲ Das Bild zeigt vermutlich ein Jungtier des Bunten Kugelspringers. Das Bild wurde nicht mit dem Elektronenmikroskop, sondern mit optischen Linsen aufgenommen. Die optische Darstellung stößt bei diesem nur 0,5 mm kleinen Tier an ihre Grenzen.

ZEHN HOCH MINUS

Die Bilderreihe zum Springschwanz zeigt das Vergrößerungsspektrum des Rasterelektronenmikroskops. Die Bilder entstehen nicht, indem – wie beim Fotografieren – reflektiertes Licht aufgefangen wird. Vielmehr werden von einem präparierten Objekt reflektierte Elektronen sichtbar gemacht. Eye of Science perfektioniert die Ergebnisse durch nachträgliche Kolorierung.

1 : 1 Als Ausgangs-»Punkt« eignet sich ein Springschwanz (Klasse *Collembola*), ein kleiner Bodenbewohner, der nur etwa einen Millimeter breit ist. Das unbewaffnete menschliche Auge erkennt nur einen »Fliegenschiss« – der allerdings große Sprünge macht, wenn man ihn bedrängt.

Springschwänze tragen am Hinterleib eine Sprunggabel, die unter Spannung unter dem Bauch in Position gehalten wird. Ausgelöst durch den Fluchtreflex, schnalzt die Gabel unter dem Tier nach hinten: Der Springschwanz katapultiert sich selbst in die Luft.

10 : 1 ist in etwa die schwächste Vergrößerung des Rasterelektronenmikroskops. Es lassen sich Objekte bis etwa 10 Millimeter Größe formatfüllend abbilden. Vom Springschwanz ist allerdings immer noch nicht viel zu erkennen.

100 : 1 Um ihn wirklich deutlich zu sehen, braucht es schon eine 100-fache Vergrößerung. Wir schauen das Urinsekt von vorne an, sehen seine zwei einfach gebauten Augen, die nur hell und dunkel unterscheiden können. Zwischen zwei plumpen Tastern sitzt ein kleiner Saugrüssel. Die kurzen Beinchen mit den Krallen sind gut zu erkennen.

1000 : 1 Die Haare des Tieres und die auffällige stachelartige Struktur der Haut werden deutlich sichtbar.

10 000 : 1 Ein Kettenhemd aus Leisten und Dreiecken hält die Haut zusammen und in Position. Sehr nützlich, da die Außenhülle nicht starr, sondern etwas beweglich ist.

100 000 : 1 Bei 100 000-facher Vergrößerung kommt das REM beziehungsweise die Präparationstechnik an ihre Grenzen. Die raue Oberfläche resultiert aus der Goldbeschichtung der Probe, und das Mikroskop kann die Konturen nicht mehr absolut scharf darstellen.

▲ 1 : 1

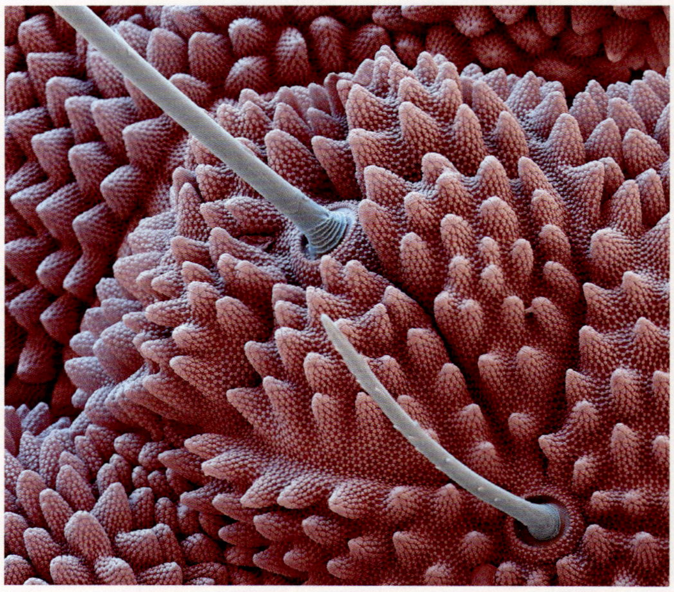

▲ 1000 : 1

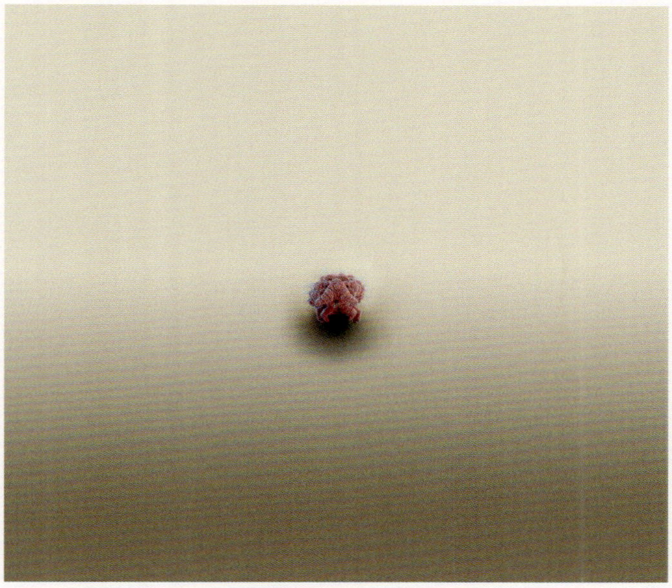

▲ 10 : 1

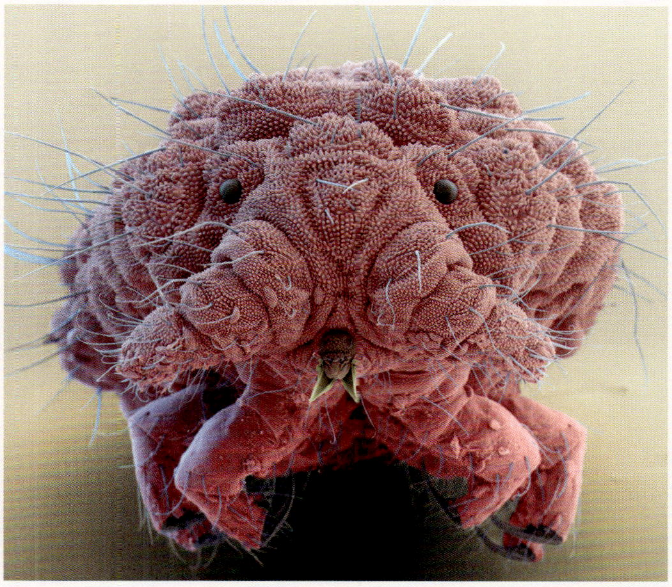

▲ 100 : 1

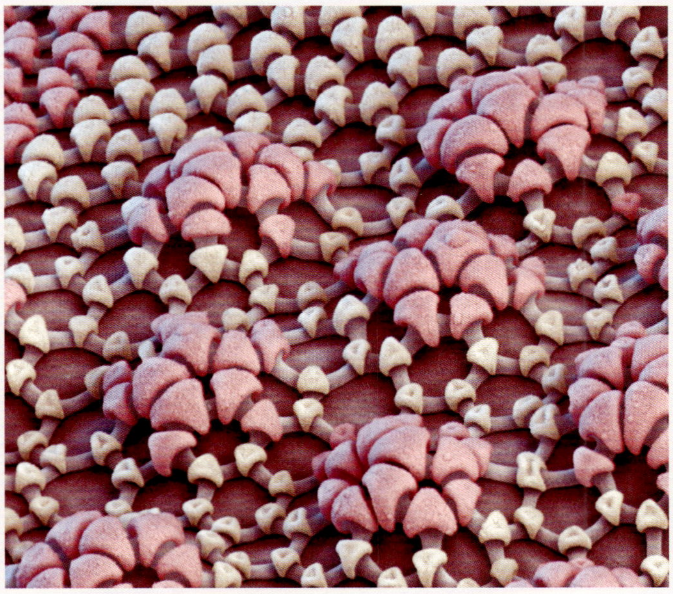

▲ 10 000 : 1

▲ 100 000 : 1

5 VIELFÜSSER
ERFOLGS-MODELLE DER EVOLUTION

Sie waren nicht immer so klein wie unsere mitteleuropäischen Hundertfüßer (links), deren Körperlänge die 10-Zentimeter-Grenze nicht überschreitet. Das versteinerte Relikt eines riesenhaften Urzeit-Tausendfüßers wurde in einem herabgestürzten Brocken Sandstein an der Küste des britischen Northumberland entdeckt.

Arthropleura krabbelte im Karbon vor etwa 326 Millionen Jahren durch Schwemmland und Kohlesümpfe und war nach Schätzungen der Geowissenschaftler von der Universität Cambridge etwa 2,60 Meter lang, 55 Zentimeter breit und 50 Kilogramm schwer. Bis auf Weiteres gilt das riesenhafte Krabbeltier als »größter Gliederfüßer der Welt«.

Tausendfüßer haben's gerne feucht und dämmrig. Ideal ist für die meisten die leicht feuchte obere Bodenschicht, aber auch nasse Laubstreu oder das dampfige Milieu unter Borke und Steinen sind genehm. Bisher wurden weltweit rund 16 000 Arten Tausendfüßer beschrieben, aber Experten gehen davon aus, dass es noch ein Vielfaches an Arten zu entdecken gibt. Allerdings kommt keine der bisher bekannten Arten auch nur annähernd an die Dimensionen des ausgestorbenen Vorfahren heran. Die in Deutschland heimischen 243 Tausendfüßer erreichen höchstens die Länge einer Streichholzschachtel. Immerhin werden der afrikanische Riesenschnurfüßer aus der Klasse der Doppelfüßer oder die Riesenläufer aus der Klasse der Hundertfüßer mit über 30 Zentimeter gut unterarmlang.

Doppelfüßer, Hundertfüßer? Wer ist was bei den beiden artenreichsten und am besten erforschten Klassen der Tausendfüßer?

DOPPELFÜSSER – ZIEMLICH BEINLICH

Das Markenzeichen der Doppelfüßer – oder auf gut wissenschaftlich: der Diplopoden – verrät schon ihr Name: Sie haben pro Körperring zwei Beinpaare, sind also pro Körperring »doppelbefußt«.

Nur die ersten drei Ringe tragen jeweils ein Einzelbeinpaar. Die Tiere, die wir uns gemeinhin unter »Tausendfüßern« vorstellen, gehören immer zu den Doppelfüßern: Sie sehen mit ihren ineinandergreifenden Körperringen aus wie eine wandelnde Wurst mit einer Franse aus wimmelnden Beinen. Verwirrenderweise gibt es allerdings auch Doppelfüßer-Arten mit halbkreisförmigem Querschnitt oder abgeplatteter Gestalt.

◂◂ vorherige Doppelseite Der mitteleuropäische Hundertfüßer in seiner ganzen Pracht.

▾ Bei Terrariern beliebt: ein tropischer Vielfüßer in elegantem Braunrot. *Archispirostreptus gigas* erreicht eine Körperlänge von 178 bis 260 Millimetern bei einem Körperdurchmesser von 15 bis 19 Millimetern. Der Rumpf besteht meist aus 62 bis 70 Ringen, die jeweils – typisch für die Verwandtschaftsgruppe – zwei Beinpaare tragen.

WARUM STOLPERN TAUSENDFÜSSER NICHT?

Wenn man einem Tausendfüßer zusieht, wie er sich auf seinem Beingewimmel durch die Laubstreu schlängelt, fragt man sich unwillkürlich: Warum stolpert so einer nicht über seine eigenen Füße? Wir Menschen haben mit unserer überschaubaren Anzahl von zwei Beinen ja schon mal Schwierigkeiten – von Fall zu Fall.

Tausendfüßer haben die nicht. Bei ihnen läuft »Laufen« nicht unter der Regie des Gehirns. Bei den Vielbeinern sagt gewissermaßen jedes Beinpaar dem nächstfolgenden Bescheid, wann es dran ist. So kann es nicht geschehen, dass Beine schon losmarschieren, wenn die Mit-Beine vor ihnen mit ihrem Schritt noch gar nicht fertig sind. Das Ergebnis: eine perfekt impulsgesteuerte Bewegungswelle. Ein Faszinosum im Kleinen.

Die Unfehlbarkeit marschierender Tausendfüßer hat sogar in die Welt der Fabeln Eingang gefunden: Beim großen olympischen Tanzfinale der Tiere hatte der Tausendfüßer erwartungsgemäß Gold gewonnen – mit einem tausendfüßigen Stepptanz auf einer Trommel. Als er gebeten wurde, seine preiswürdige Technik zu erklären, gab er sich große Mühe. Er analysierte seine Schrittfolge, didaktisierte alles, zerlegte das Fließende in kleine Einzelsequenzen, zeichnete ein Schema.

Als er damit fertig war, konnte er nicht mehr stepptanzen.

▲ Den prächtigen Silbernen Rotstreifen-Tausendfüßer (*Tonkinbolus dollfusi*) findet man – abgesehen von Terrarien in aller Welt – am ehesten in Vietnam.

TAUSENDFÜSSER – WIRKLICH TAUSEND?

Den Namen Tausendfüßer durfte man bis vor wenigen Jahren nicht gar so wörtlich nehmen: Als »beinreichster« Vertreter der Myriapoda galt lange Zeit die extrem seltene Tausendfüßerart *Illacme plenipes*, die 1926 in einem Tal im westlichen, küstennahen Kalifornien gefunden worden war. Diese Art brachte es auf bis zu 750 Beine – und das auf höchstens vier Zentimeter verteilt!

Doch der Rekordinhaber ist seit wenigen Jahren *Eumillipes persephone* mit bis zu 1 306 Beinen – ein kleines Tier mit knapp 9,5 Zentimetern Länge und etwa einem Millimeter Durchmesser. Dieser erste »echte Tausendfüßer« (genau das ist die Bedeutung seines lateinischen Namens) wurde, wie die Zeitschrift »Nature« berichtete, 2020 bei Probebohrungen in Westaustralien in 60 Meter Tiefe gefunden. Er hat einen kegelförmigen Kopf mit – proportional zu seiner Gesamtgröße – riesigen Antennen und einer Art Schnabel zum Fressen. Diese Antennen, mit denen *Eumillipes* Gerüche registriert und Öffnungen und Spalten auslotet, dienen zur Orientierung. Pigmente und Augen hat er nicht. Wozu auch? Weder Tarnung noch optische Eindrücke ergeben in seinem stockfinsteren Lebensumfeld Sinn.

Hierzulande kommen Doppelfüßer überwiegend in gedeckten Farben daher, doch unter den tropischen Arten finden sich richtige Farbwunder mit Ringeln oder Tupfen, grün, gelb, rot oder pink gemustert. Weltweit sind bisher etwa 12 000 Diplopodenarten beschrieben worden. In Deutschland wuseln nur 150 Arten umher, vom drei Millimeter Kleinen Pinselfüßer bis zum knapp sechs Zentimeter großen Sandschnurfüßer.

▲ Unscheinbare Gestalt mit attraktivem Namen: Sommer-Bandfüßer *(Polydesmus denticulatus)*.
◄ Ein Riesen-Doppelfüßer, der in Indonesien zu Hause ist.

HAUPTSACHE, NASS

Ob winzig oder stattlich, eines haben Doppelfüßer gemeinsam: Sie haben es gerne feucht. In der Regel kommen sie erst nach Sonnenuntergang aus ihren geschützten Schlupfwinkeln unter Steinen, in Baumstubben oder im lockeren Boden hervor und machen sich auf ihre vielen Beine. Dann wuseln sie gemächlich durch die oberen Bodenschichten oder die Laubstreu und mümmeln so ziemlich alles, was ihnen an Abgestorbenem vor die Mundwerkzeuge kommt. Das können Pilze oder Algenrasen sein, welkes Laub, Gras und sogar Totholz. Zur Aufarbeitung von Detritus und zur Entstehung von Humus leisten sie einen beachtlichen Beitrag.

Wer tagsüber Diplopoden sehen will, sucht am besten unter Steinen, in morschem Holz oder im lockeren Boden. Die beste Zeit für die Diplopodenjagd sind Frühjahr oder Herbst, denn in heißen, trockenen Sommern bohren sich fast alle Arten mit Hilfe ihres stabilen Halsschildes rammbockartig in die Tiefe und verschlafen dort in komfortabel feuchter Kühle die Sommerhitze.

SICH UNGENIESSBAR MACHEN

Sind Diplopoden wehrlose Fresssäcke? Durchaus nicht. Für Vögel und Frösche sind sie keine leichte Beute. Die meisten Arten sind dank Kalkeinlagerungen in ihrer Außenhaut so gut gepanzert, dass sie als Snack für eine ganze Reihe von Beutegreifern kaum in Frage kommen. Vor allem aber verdirbt ein Großteil der Doppelfüßer Angreifern mit üblen Abwehrsekreten gründlich den Appetit. Sie stinken, ätzen oder giften ihre Verfolger buchstäblich in die Flucht. Einige Arten können ihr Abwehrsekret sogar zentimeterweit verspritzen.

Einige Doppelfüßer verteidigen sich zusätzlich, indem sie sich bei Gefahr einrollen. Besonders die Saftkugler sind Meister dieser Strategie. Ein lückenlos eingerollter Saftkugler bietet praktisch keinen Angriffspunkt. Außerdem sieht er einem Kieselstein so verblüffend ähnlich, dass er leicht übersehen wird.

Doppelfüßer wissen nicht nur sich selbst, sondern auch ihren Nachwuchs zu schützen. Die meisten Doppelfüßer verpacken ihre Eier in spezielle Schutzhüllen aus Seide, einem Erde-Kot-Gemisch oder Borsten. Diese Hülle schützt vor Austrocknung, erhält im Inneren die Feuchtigkeit und hält Fressfeinde auf Abstand.

Wenn die Jungen nach zwei bis drei Wochen schlüpfen, bleiben viele zunächst im »Nest« oder sogar in der Eikapsel. Anfangs wirken die Jungtiere noch ziemlich unfertig: Direkt nach dem Schlüpfen haben sie nur drei Paar Beine und erinnern eher an seltsame Insekten als an Diplopoden, aber mit jeder Häutung nimmt nicht nur die Größe, sondern auch die Anzahl der Beine zu, bis die Sprösslinge schließlich auf ebenso vielen Beinpaaren unterwegs sind wie ihre Eltern.

▾ Die Meeralpen-Saftkugler *(Glomeris guttata)* sind Südeuropäer mit Präferenz fürs Gebirgige.

▴ Zuhause im Abseits – vielbeinig unterwegs, wahrscheinlich ein Steinläufer *Lithobius forficatus*

STECKBRIEF

TAUSENDFÜSSER *Myriapoda*

MERKMALE
Die beiden größten Gruppen der Tausendfüßer sind die Doppelfüßer und die Hundertfüßer. Doppelfüßer haben pro Körpersegment zwei Beinpaare, Hundertfüßer nur eines. Doppelfüßer wuseln gemächlich durchs Leben, Hundertfüßer dagegen können bemerkenswert schnell dahinflitzen. Die kleinsten Doppel- und Hundertfüßer werden nur wenige Millimeter lang, die größten über 30 Zentimeter.

LEBENSWEISE
Doppelfüßer sind hervorragende Resteverwerter. Sie fressen Abgestorbenes jeder Art, und da sie keine Beute verfolgen müssen, haben sie auch keinen Grund zur Eile. Sollten sie angegriffen werden, behelfen sie sich nicht mit Flucht, sondern verderben dem Angreifer mit einem stinkenden Wehrsekret den Appetit.

Hundertfüßer dagegen sind schnell, agil, giftig und angriffslustig. Sie sind Jäger, und die großen Arten überwältigen mit ihren beeindruckenden Giftklauen sogar Mäuse und Vögel. Sollte sich ein Hundertfüßer bedroht fühlen, greift er auch den Menschen an. Ein Biss samt Giftinjektion bereitet lang anhaltende Schmerzen.

HUNDERTFÜSSER – IMMER GIFTIG

Auf den ersten Blick könnte man Hundertfüßer einfach für Tausendfüßer mit spärlich verteilten Beinen halten; an jedem Körpersegment sitzt bei ihnen nur ein Paar Beine. Bei genauerem Hinsehen allerdings zeigt sich, dass die beiden Klassen sich ebenso sehr voneinander unterscheiden wie eine Kuh von einem Tiger.

Eine Faustregel für die Unterscheidung auf einen Blick: Im Gegensatz zu der friedlich mümmelnden Doppelfüßer-Verwandtschaft leben Hundertfüßer fast ausschließlich von selbst Erjagtem, und das sieht man ihnen an: Alle Hundertfüßer haben imposante Giftklauen, die sich aus dem umgewandelten ersten Laufbeinpaar entwickelt haben; daher der wissenschaftliche Name Chilopoda, der in etwa »Lippenfüßer« bedeutet.

▲ Hundertfüßer – immer auf der Jagd. Laubstreu ist ein ergiebiges Revier für die wendigen Beutemacher.

▲ Brutpflege ist nicht das Privileg von Säugetieren, Vögeln und einigen Fischen. Hier schützt eine Hundertfüßermutter ihre Jungen.

▲ Hundertfüßer (hier mit erbeutetem Regenwurm) gehören zu den Jägern, die auch Tiere überwältigen, die deutlich größer sind als sie.

Die Giftklauen funktionieren wie hohle Injektionsnadeln. Hat ein Hundertfüßer ein Beutetier entdeckt oder mit den Antennen ertastet, packt er blitzschnell mit den Giftklauen zu und injiziert ein Gift, das fast augenblicklich wirkt. Anschließend wird die Beute mit den Mundwerkzeugen zerlegt und vertilgt. Beute ist für Hundertfüßer alles, was sie überwältigen können. Die einheimischen Arten halten sich an Spinnen, kleine Schnecken, Insektenlarven, Springschwänze, Fadenwürmer und sogar Regenwürmer. Die großen tropischen Arten überwältigen sogar Eidechsen, Vögel und Mäuse.

Übrigens werden die Giftklauen nicht nur zur Betäubung der Beute, sondern auch zur Selbstverteidigung eingesetzt. Und wann ein Hundertfüßer glaubt, sich verteidigen zu müssen, lässt sich kaum voraussagen. Wer je einen Biss aus diesen Injektionsnadeln abbekommen hat, wird so ein Erlebnis kein zweites Mal riskieren.

Die zweite Verteidigungswaffe sind die Sekrete aus den sogenannten Wehrdrüsen, die stinkend, ätzend, klebrig und sogar leuchtend sein können. Sie werden beispielsweise eingesetzt, wenn Hundertfüßer von Ameisen angegriffen werden. Ameisen, denen ein Chilopode klebriges Sekret entgegengeschleudert hat, sind für eine Stunde regelrecht geknebelt und außer Gefecht gesetzt – Zeit genug für den Hundertfüßer, sich in Sicherheit zu bringen.

Etliche Chilopoda-Arten haben noch eine dritte Strategie, um ihren Verfolgern zu entkommen: Ihre Beine haben Sollbruchstellen und werden im Augenblick der Gefahr abgeworfen. Die abgetrennten Beine zucken oft minutenlang weiter und lenken den Feind von der eigentlichen Beute ab. Übrigens sind die verloren gegangenen Gliedmaßen schon nach wenigen Häutungen ersetzt, und der Hundertfüßer ist wieder komplett.

Weltweit soll es circa 3 700 Arten Hundertfüßer geben, in Deutschland wurden bisher 58 Arten gefunden.

Zwar sind Chilopoda als Fleischfresser logischerweise nicht an der Bodenbildung beteiligt, dennoch leisten sie ihren Beitrag: Sie jagen und fressen die vielen, die totes organisches Material zersetzen und verarbeiten. Damit bewirken sie, dass die Bestände ihrer Beutetiere produktiv und vermehrungsfreudig bleiben. Das mag widersprüchlich klingen, ist aber schlüssig: Wo ständig abgeschöpft wird, da wird auch ständig für Nachschub gesorgt. Wo Jäger zupacken, bleibt die Vermehrungsleistung der Beute auf einem stabilen Hoch.

◂ Hundertfüßer sind exzellente Jäger. Ihr erstes Beinpaar ist zu mächtigen Klauen umgewandelt, mit denen sie Gift in ihre Beute injizieren.

6 ASSELN
KREBSE AUF LANDGANG

Warum finden so viele Menschen Asseln eklig? Vielleicht, weil sie dort leben, wo es feucht und schummrig ist? Oder weil sich manche Arten gerne im Umfeld des Menschen ansiedeln, wo sie unwillkommen sind, etwa in Lagerräumen, was der Kellerassel sogar ihren Namen eingebracht hat?

Asseln sind leicht zu finden. Man muss nur einen Stein oder ein Stück Totholz hochheben, und schon sieht man sie herumwuseln. Die rund 50 Arten, die in Deutschland vorkommen, werden höchstens zwei Zentimeter groß und sind völlig harmlos. Mit ihren gleichmäßig gegliederten Chitinpanzern, die an Ritterrüstungen erinnern, sehen sie ein wenig so aus, als hätten Kreativ-Teams hier Aliens für Science-Fiction-Filme geschaffen (in Wirklichkeit dürfte es eher so gewesen sein, dass Asseln die Kreativ-Zeichner inspiriert haben).

Wenn man Asseln auf den Rücken dreht, erkennt man ein hektisches Gewimmel von Beinen: Sie haben vierzehn davon, das ist der offenkundige Beweis, dass sie mit den Insekten (sechs Beine) oder Spinnen (acht Beine) nicht näher verwandt sind. Sie gehören merkwürdigerweise zur Tierklasse der Höheren Krebse.

DIE HYBRID-ATMER

Ein Großteil der Asseln lebt, wie das Gros ihrer Krebsverwandtschaft, in der Tat im Wasser und atmet über Kiemen. Landasseln haben vor 300 Millionen Jahren begonnen, sich ein Stück weit vom feuchten Element zu emanzipieren und neue Lebensräume zu erobern. Viele Arten haben zusätzlich zu den Kiemen noch eine Art Lunge entwickelt. Sie haben gewissermaßen die Hybrid-Atmung erfunden.

Da Kiemen ohne Wasser verkleben würden, müssen sie auch bei den Landbewohnern zumindest von einem Wasserfilm bedeckt sein, damit sie funktionieren. Daher kommt die Vorliebe der meisten Asseln für feuchte, schattige Schlupfwinkel, zum Beispiel für die Laubschicht auf dem Waldboden.

Doch ein feuchtes Umfeld allein genügt nicht. Spezielle Strukturen sorgen für zusätzliche Wasserzufuhr. Jeder

◄◄ vorherige Doppelseite Eigentlich nicht verwunderlich, aber erst der Bildbeweis macht es bewusst: Der Untertage-Zoo kennt ähnlich deutliche Ausschläge auf der Größenskala wie der oberirdische. Der Springschwanz auf einer Assel, wie hier zu sehen, entspräche etwa einem Kätzchen auf einem Elefanten.

◄ Die Kiemen einer Landassel (rötlich) – eines Lebewesens, das im Laufe der Evolution aus dem Meer an Land gewechselt ist – brauchen mindestens einen dünnen Feuchtigkeitsfilm, um den Organismus mit Sauerstoff versorgen zu können.

▲ Asselweibchen legen ihre Eier nicht einfach ab. Nach der Häutung, die der Paarung folgt, bildet sich zwischen den ersten fünf Beinpaaren eine Bruttasche, in die hinein Kellerasseln 10 bis 70, Rollasseln 20 bis 160 Eier legen (oben rechts).

Das »tragbare Aquarium« schützt nicht nur vor Eierdieben, es schafft auch das notwendige feuchte Milieu für die Heranwachsenden.

Tropfen Wasser, der auf den Körper der Asseln gelangt, sickert durch die Furchen zwischen den Panzerelementen ein, fließt weiter Richtung Bauch und wird dann über Rinnen nach hinten zu den Kiemen geleitet, die an den umgebildeten Abdominal-Beinen sitzen.

Aber die offenen Rinnen für die Flüssigkeitsleitung haben noch eine weitere Funktion: Auch das ammoniakhaltige Sekret der Maxillardrüsen, sozusagen der Urin der Asseln, gelangt über diese Rinnen nach hinten. Der Ammoniak verdunstet unterwegs, und die ammoniakbefreite Flüssigkeit wird über den After aufgenommen und wieder in den Organismus der Assel zurückgeführt. Wasserrecycling ist für Asseln lebenswichtig.

NACHWUCHS IM PRIVATPOOL

Dass Landasseln von Wasser bewohnenden Ahnen abstammen, zeigt sich auch bei der Fortpflanzung: Nach der Paarung entwickeln die Weibchen eine Bruttasche zwischen den Laufbeinen, in die sie die befruchteten Eier packen. Diese Tasche füllt das Weibchen mit einer Flüssigkeit, in der sich die Eier und die geschlüpften Jungen 40 bis 50 Tage lang wie in einem Miniaquarium entwickeln. Junge Landasseln sehen wie sehr helle Miniaturen ihrer Eltern aus. Um die knapp zwei Millimeter großen Winzlinge zu entdecken, muss man allerdings schon genau hinsehen – am besten mit einer Lupe.

Wo es Asseln gefällt, also überall dort, wo es feucht und dämmrig ist und wo ein lockerer Boden, Falllaub oder Totholz genügend Schlupfwinkel bieten, können Asseln beachtliche Bestandsdichten erreichen. Bis zu 200 Tiere pro Quadratmeter hat man bis zu einer Bodentiefe von 30 Zentimetern gezählt.

Für die Bodenbildung kann das nur gut sein, denn Asseln spielen beim Zerkleinern von organischem Material eine wichtige Rolle. Sie knabbern Pilze, Falllaub, Pflanzenreste, Spinneneier, Insektenkadaver, Vogelkot und einiges mehr. Da sie keine sonderlich effiziente Verdauung haben, halten sie es wie die Regenwürmer: Sie recyceln. Sie fressen ihre eigenen Ausscheidungen mehrmals und verbessern auf diesem Wege die Nährstoffausbeute. Da sie auch noch Sand und mineralische Bodenbestandteile aufnehmen und mit dem zerkleinerten »Abfall« vermengen, erzeugen sie wie die Würmer Ton-Humus-Komplexe und tragen auf diese Weise zur Stabilität des Bodengefüges bei.

▲ Aus dem Meer aufs Feste – Landtiere mit Kiemen (Clownassel *Armadillidium klugii*)

STECKBRIEF

ASSELN *Isopoda*

MERKMALE
Landasseln sind keine Insekten und erst recht keine Tausendfüßer mit zu wenig Beinen. Sie gehören zu den Krebsen, und sie haben als Einzige in der Krebsverwandtschaft das Wasser ganz hinter sich gelassen. Das ist nur möglich, weil sie das lebenswichtige Wasser mit sich herumtragen und so raffiniert und sparsam damit umgehen, dass es zum (Kiemen-)Atmen reicht. Am einfachsten funktioniert das in feuchter Umgebung, also unter Steinen, in nassem Laub oder in feuchter Erde.

LEBENSWEISE
Asseln sind wahre Fressmaschinen, die vom Insektenei über herabgefallene Früchte bis zu Pilzen und Kot alles mümmeln, was ihnen vor die Mundwerkzeuge kommt. Dieser Appetit macht sie zwar bei manchen Gartenbesitzern unbeliebt, bei Reptilien- und Amphibienliebhabern aber zu gefragten Haustieren. Sie bestellen Asseln gerne per Versand, um in den Terrarien für Ordnung zu sorgen. Dort macht sich die Putzkolonne über Algen an den Scheiben, Futterreste im Bodenbelag, Kot und abgestorbene Blätter her. Einige besonders schön gezeichnete exotische Arten wie die Clownassel sind sogar selbst zu Terrarien-Stars geworden.

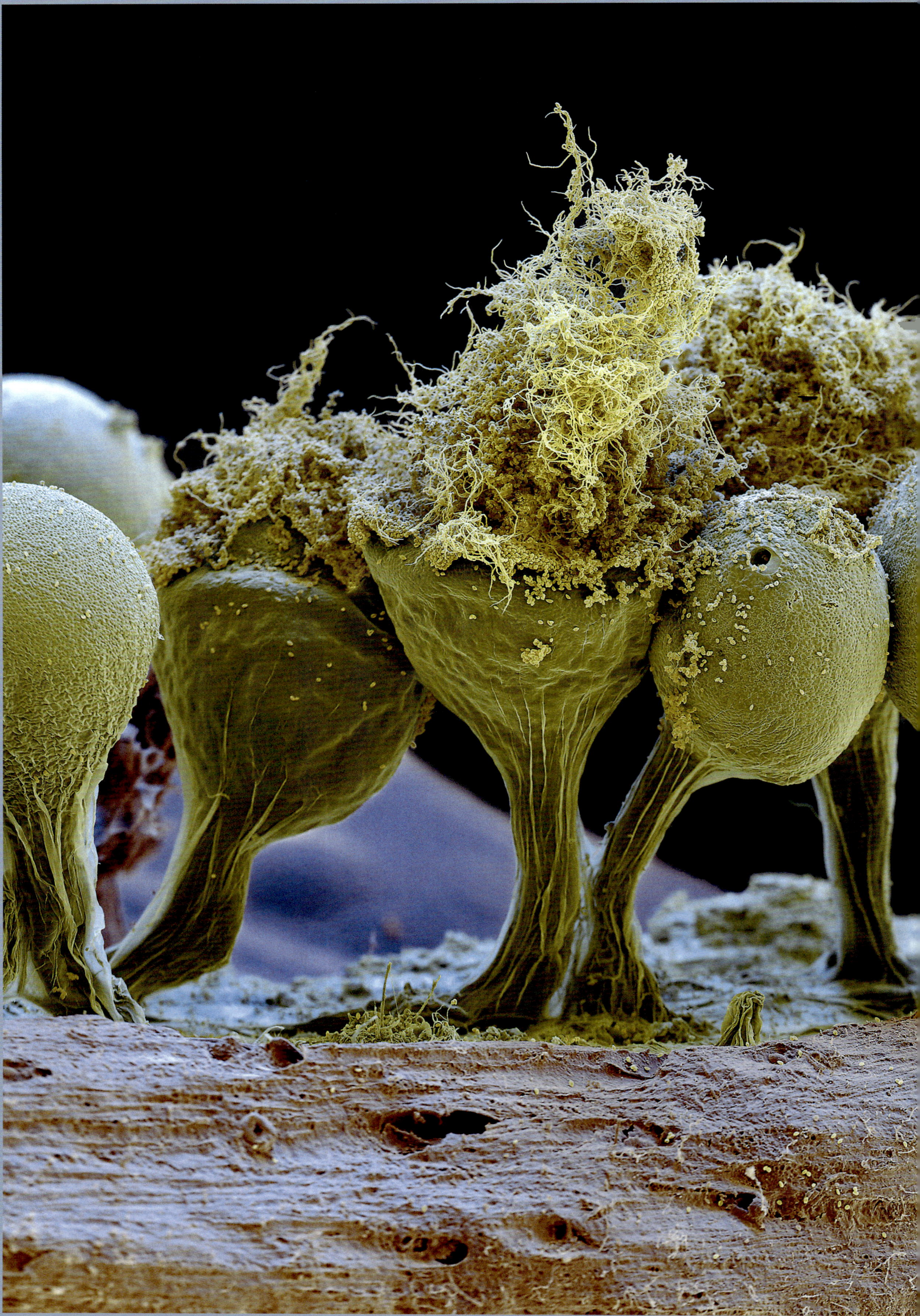

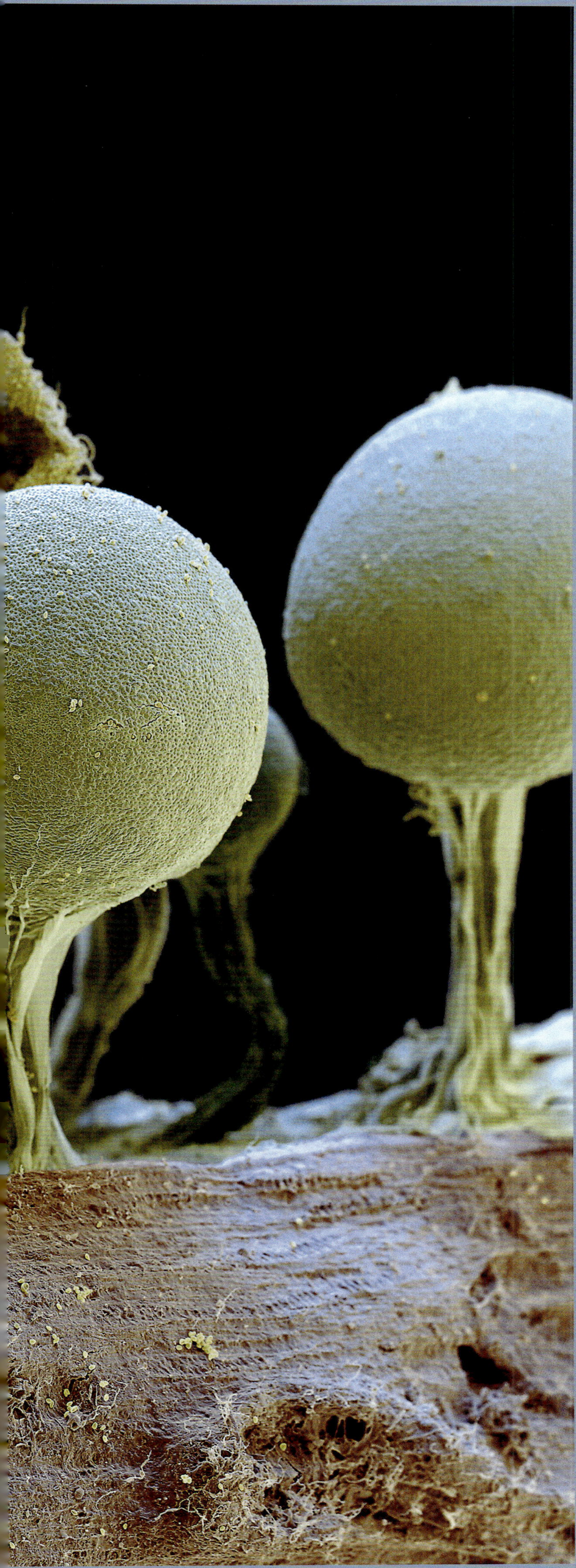

7 SCHLEIMPILZE
IT'S SLIME TIME

Sie sprengen alle Systeme. Und womöglich können sie sogar denken. Ohne Gehirn. Wer eine Begegnung mit dem Undenkbaren sucht, sollte sich bei den Schleimpilzen umschauen.

Die letzten Tage waren regnerisch. Jetzt ist der Boden tiefgründig durchweicht, die modernden Stämme auf dem Waldboden haben sich mit Regenwasser vollgesogen, der ganze Wald dampft vor Nässe. Innerhalb weniger Tage sind auf morschen Ästen, abgefallenem Reisig und in der Bodenstreu seltsame Gebilde erschienen. Manche sehen aus wie lachsfarbene Fischlaichklumpen, andere erinnern an kleine Korallen, orangefarbene Pickel oder bunte Schwämme, wieder andere überziehen den Untergrund mit einem fein verzweigten Äderwerk.

Was sich da auf Totholz, Moospolstern und Waldboden ausbreitet, sind Myxomyceten oder Echte Schleimpilze, die mit rund 90 Prozent die größte Gruppe unter den Schleimpilzen ausmachen. Doch ihrem Namen zum Trotz haben diese merkwürdigen Wesen mit Pilzen nur wenig gemein. Wahrscheinlich hat man ihnen ihren Namen aus einer gewissen Ratlosigkeit heraus verpasst: Sie haben keinen grünen Blattfarbstoff und keine Zellwände, gehören also nicht zu den Pflanzen. Dafür bilden sie in einer bestimmten Lebensphase Sporen aus, wie die Pilze. Also sortierte man sie kurzerhand bei den Pilzen ein – und irrte gewaltig. Schleimpilze sind weder Pilz noch Pflanze, haben aber einige Merkmale, die an Tiere erinnern. Sie sind eine ganz eigene Gruppe von Organismen, die es schon vor mindestens 100 Millionen Jahren gab. Das jedenfalls ließ sich anhand von Sporen belegen, die man in einem Bernsteintropfen in Myanmar fand.

◂◂ vorherige Doppelseite Aufplatzende Fruchtkörper von *Trichia decipiens* beim Herausschleudern der Sporen. Die Fruchtkörper entlassen eine kaum quantifizierbare Menge an Sporen in die Umwelt. Damit beginnt ein Lebenszyklus, der an Wandlungen – Totalverwandlungen – seinesgleichen sucht.

▾ *Physarum*-Schleimpilz auf »Fress-Tour«, eine Mandel überwuchernd.

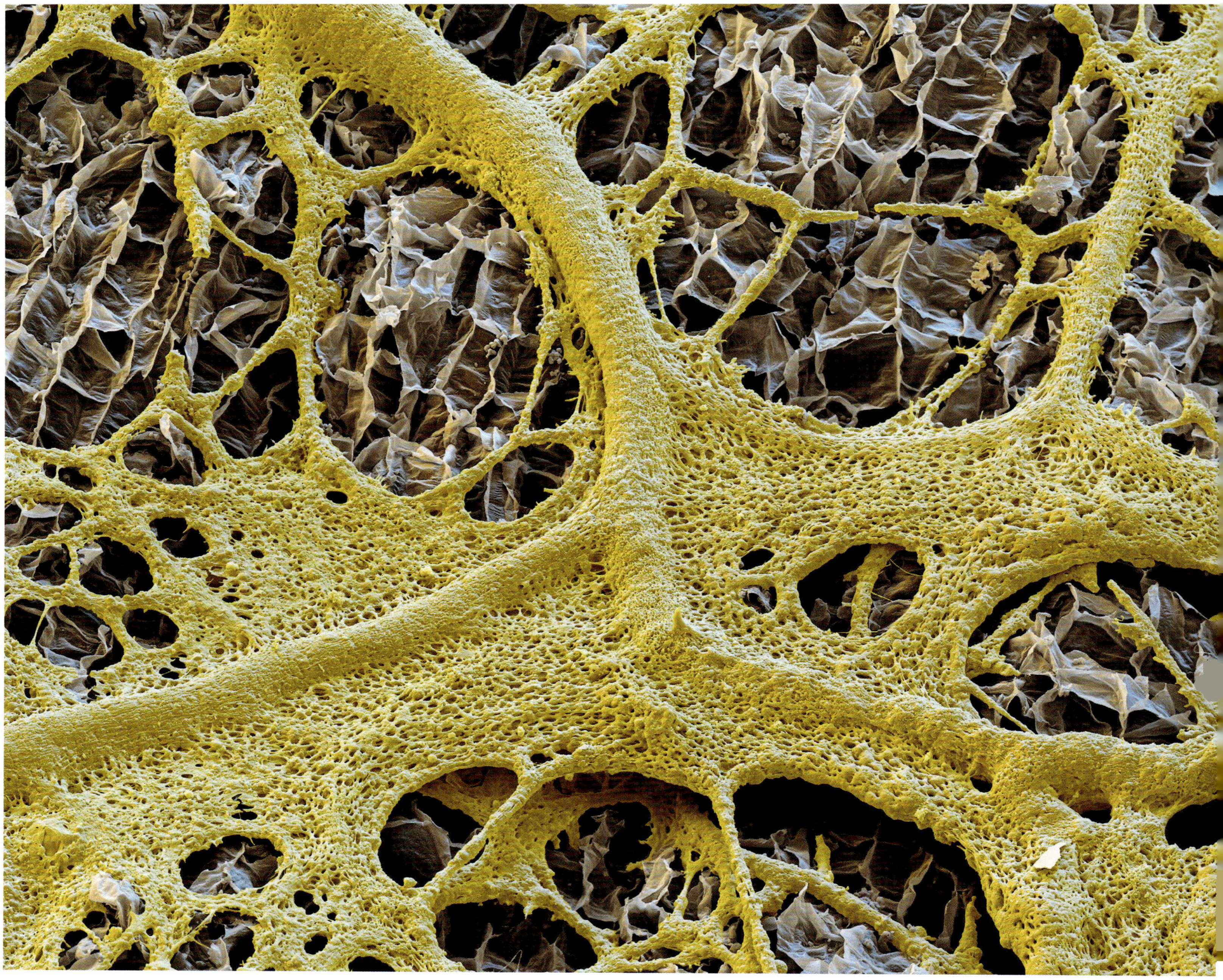

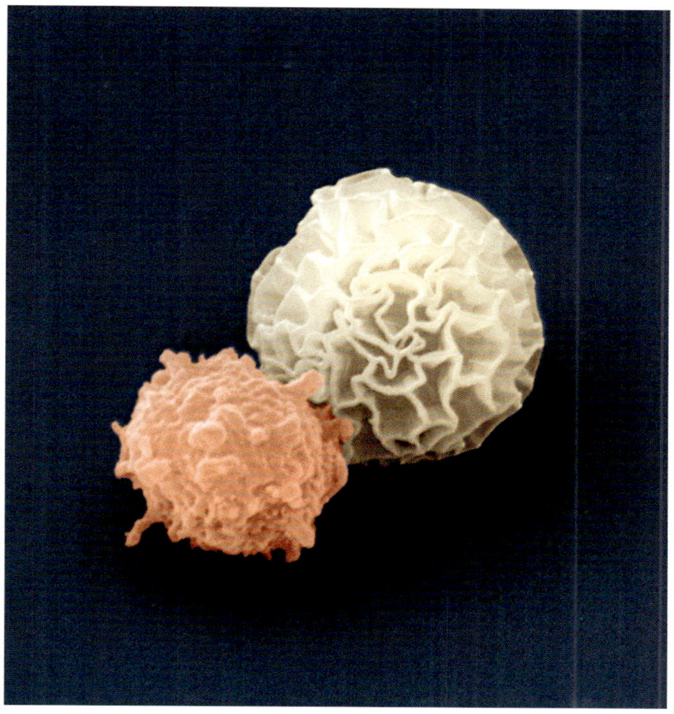

◂ »Geburt« eines Schleimpilzes: Spore mit soeben schlüpfender Myxoamöbe (rötlich, hier etwa 11 000-fache Vergrößerung). In diesem ersten Stadium ist sie entweder ein begeißelter Einzeller oder – wie hier – eine Amöbe. Findet dieser Organismus einen Partner, verschmelzen beide und werden zu einem amöbenartigen Organismus. Unter guten Bedingungen entwickelt sich der zu einem »Plasmodium«, einem Organismus mit einer Hülle und Millionen Zellkernen.
▾ *Metatrichia floriformis* führt seine scheinbare Pflanzenhaftigkeit im Namen und erinnert an die Früchte von Schlingpflanzen. Schleimpilze sind aber weder Pflanze noch Pilze, noch Tiere, sondern ein eigenständiges Taxon – etwas total Andersartiges.

▲ Wenn schon nicht schön, dann wenigstens schön benannt: Gelbe Lohblüte heißt dieser Schleimpilz. Er wird auch Hexenbutter genannt.

AUFERSTANDEN AUS HERBARIEN

Jeder Schleimpilz fängt irgendwann als winziges Sporenkörnchen von wenigen Tausendstelmillimetern Größe an. Die Körnchen werden vom Regen fortgeschwemmt, vom Winde verweht, von Tieren verschleppt oder verschluckt und anderswo wieder ausgeschieden.

Wenn den Sporen dort, wo sie liegen bleiben, Umgebungstemperatur und Feuchtigkeit behagen, keimen sie. Sind die Bedingungen aber ungünstig, warten sie mit überraschender Ausdauer auf bessere Zeiten. Sogar Sporen aus 75 Jahre alten Herbarien haben vereinzelt noch gekeimt.

Landen die Sporen in einem eher trockenen Lebensraum, verwandeln sie sich auf Umwegen in amöbenartige Wesen, kriechen umher und ernähren sich von Bakterien, Pilzsporen und anderen Kleinstlebewesen. Sind sie aber in feuchter Umgebung gestrandet, entwickeln sie peitschenartige Antriebsaggregate, mit denen sie auf der Suche nach Beute im Feuchtigkeitsfilm umherschwimmen und Fressbares zu sich heranstrudeln. (In diesem Entwicklungsstadium würde man die gekeimten Sporen am ehesten für Tierlarven halten, auf keinen Fall aber für Pilze, die bekanntlich nicht wandern.)

DOPPELWESEN HALTEN BESSER

Wenn sich zwei amöbenartige Wesen derselben Art begegnen, verschmelzen sie miteinander, und dann werden Prozesse in Gang gesetzt, die an Dynamik ihresgleichen suchen in der belebten Welt. Das neu entstandene Doppelwesen teilt nach einigen Zwischenschritten in rascher Abfolge seinen Zellkern, doch Zellwände (wie bei den Pflanzen) oder wenigstens trennende Membranen werden dabei nicht gebildet. Das eben noch mikroskopisch kleine amöbenartige Wesen schwillt in kurzer Zeit zu einer Riesenzelle an, einem sogenannten Plasmodium, das bis zu zehn Millionen Zellkerne enthalten kann und von einer einzigen Membran umhüllt ist. So eine gut genährte Riesenzelle kann ohne Weiteres eine Fläche von einem Quadratmeter überdecken. Eine künstlich gepäppelte Riesenzelle der Art *Physarum polycephalum* beanspruchte im Labor sogar eine Fläche von fünfeinhalb Quadratmetern!

EINVERLEIBEN

Ein Plasmodium hat nur ein Programm: fressen, soviel wie möglich. Wie das ganz ohne Mundöffnung funktioniert, hat Gruselfilmpotenzial: In Zeitrafferaufnahmen wird sichtbar, wie sich die schleimige, pulsierende Plasmodium-Masse mit einem Marschtempo von bis zu einem Zentimeter pro Stunde vorwärts schiebt, Fressbares aufspürt, überfließt und sich einverleibt. Selbst größere Pilze sind bald samt Stängel und Hut von zähem Schleim überzogen, sacken in sich zusammen und lösen sich nach und nach im Schleimteppich auf. Stellenweise bilden sich dicke Stränge im Schleim, die wie Pipelines die Nährstoffe im ganzen System verteilen. Genauso unerklärlich, wie diese Stränge entstehen, verschwinden sie auch wieder.

Doch irgendwann haben die Plasmodien das Fressen satt. Ob Änderungen in Luftfeuchtigkeit, Temperatur oder pH-Wert oder womöglich Hungerphasen den Fressmodus beenden, ist noch nicht geklärt. Jedenfalls verfolgen die bis dato fressenden Teppiche eines Tages andere Ziele. Hatten es die Plasmodien bisher am liebsten feucht und dämmrig, zieht es sie nun auf einmal nach oben, ans Licht. Aus dem Schleim schieben sich bei manchen Arten dünne Stängel, an deren Ende Trauben, Beeren oder Lampions wippen. Andere Arten bilden poröse Kissen, bei wieder anderen entstehen pinselartige Auswüchse. Die Formen- und Farbvielfalt dieser Fruchtkörper gehört zum Schönsten, was es mit der Lupe zu entdecken gibt.

▲ Die Wandlungskünstler – Rhapsodie in Glibber (Netzschleimpilz *Hemitrichia serpula)*

▼ Zur Gattung *Pocheina* zählt ein Schleimpilz, der orangefarbene »Trauben« hervorbringt.

STECKBRIEF
SCHLEIMPILZE *Mycetozoa*

MERKMALE
Schleimpilze passen in kein Raster. Das beginnt schon mit dem Namen: Schleimig sind sie nur in einer bestimmten Lebensphase. Und Pilze sind sie auch nicht, ebenso wenig wie Pflanzen oder Tiere, obwohl sie einige Eigenschaften beider Gruppen zeigen. Sie sind einzellig, aber nicht immer. Sie können mikroskopisch klein, aber auch quadratmetergroß sein.

Über die Evolution der Schleimpilze lässt sich wenig sagen, denn ein glibbriger Organismus hinterlässt naturgemäß keine Spuren in Versteinerungen, und die Sporen sind fein wie Staub, also schwer zu finden. Aktueller Stand: Bisher sind rund 1000 Arten beschrieben worden, doch die Wissenschaftler rechnen mit weiteren 200 bis 500 Arten.

LEBENSWEISE
Schleimpilze fressen ohne Mundöffnung, »denken« ohne Gehirn, verständigen sich mit chemischen Signalen und bewegen sich ohne Beine fort. Man hat sie schon in der Arktis und in Wüstengebieten gefunden, doch am häufigsten finden sie sich in feuchten Wäldern, wo sie mit Vorliebe Totholz besiedeln und Bakterienrasen, Mikroorganismen und selbst größere Pilzfruchtkörper überfließen und sich einverleiben.

WAS DENKT SICH JEMAND OHNE HIRN?

Physarum polycephalum ist der Medienstar unter den Echten Schleimpilzen. 2021 wurde er von der Deutschen Gesellschaft für Protozoologie feierlich zum »Einzeller des Jahres« ernannt. Zu Recht, denn japanischen Wissenschaftlern war es gelungen, an *Polycephalum* so etwas wie zielgerichtetes Handeln nachzuweisen: In einer Versuchsanordnung setzten sie den Schleimpilz in ein nachgebildetes Modell des U-Bahn-Netzes von Tokio und platzierten an weit auseinandergelegenen Punkten Haferflockenhäufchen, eine bevorzugte »Beute« von *Polycephalum*. Bald zeigte sich, dass der Schleimpilz nicht nur chemische Reize wahrnehmen kann, sondern auch seine Marschrichtung danach ausrichtet. *Polycephalum* fand nach einigen Irrwegen die kürzestmögliche Verbindung durch das Labyrinth von einem Haferflockenhäufchen zum anderen. Er hatte in verblüffend kurzer Zeit die optimale Streckenführung zwischen A und B herausgefunden. Sollten bei der Planung der Nahverkehrsnetze künftig Schleimpilze eingebunden werden?

◂ *Physarum polycephalum* ist unter den Schleimpilzen derjenige mit der größten Präsenz in Forschungslaboren.

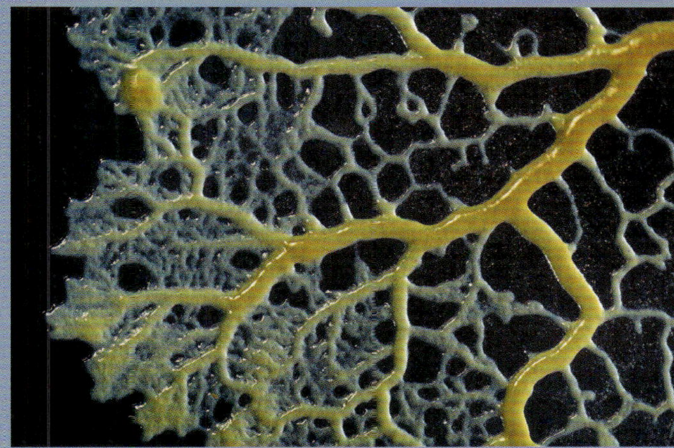

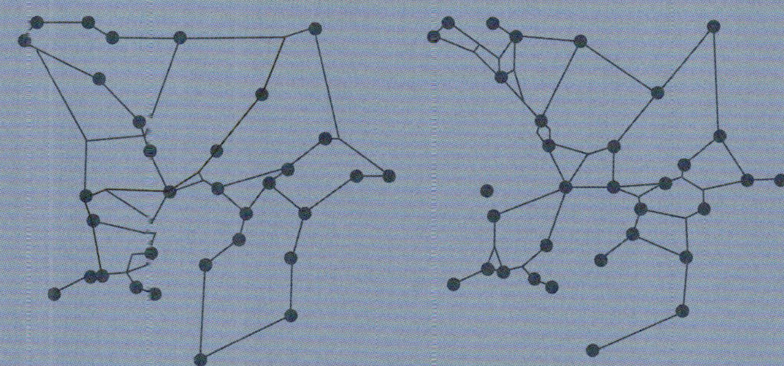

U-BAHN-NETZ TOKIO   SCHLEIMPILZSTRUKTUR

▴ Diese Fruchtkörper von *Cribraria argillacea* ähneln bis zur Winzigkeit verkleinerten Eierbovisten – den Lieblingsspeisepilzen kenntnisreicher Sammler. *Cribraria* ist eine Gattung von Schleimpilzen aus der Gruppe der *Myxogastria*. Sie umfasst rund 30 Arten, die nur wenige Spezialisten sicher unterscheiden können.

◂ Das Plasmodium eines Schleimpilzes »kriecht« über einen Holzstamm. Die Bewegung ist mit bloßem Auge kaum wahrzunehmen, Zeitrafferaufnahmen zeigen, dass die schleimige Masse sich rhythmisch pulsierend vorwärtsbewegt, hier nach links unten.

Innerhalb eines einzigen Tages sind die Fruchtkörper unter lebhaftem Farbwechsel herangereift. In ihrem Inneren lagert nun feinstes Sporenpulver, schon ein Windhauch, die Berührung eines Tieres oder ein Regentropfen genügt, um den Fruchtkörper platzen zu lassen und das Sporenpulver freizusetzen. Irgendwo, irgendwann werden die winzigen Kügelchen zu Boden sinken. Und wenn das Zusammenspiel aus Feuchtigkeit und Temperatur sie weckt, werden sie keimen, wachsen und unersättlich ihrer Wege kriechen.

Und diese Wege sind weltumspannend. Schleimpilze haben fast alle Lebensräume der Erde für sich erschlossen, selbst Wüsten, in denen die Sporen unter Umständen einige regenlose Jahre auf den passenden Moment zum Keimen warten müssen. In Amerikas Sonora-Wüste fand man 33 Arten. Doch die meisten der gut 1 000 Schleimpilzarten finden sich in den Wäldern der gemäßigten Klimazonen.

◂◂ vorherige Doppelseite Die auf Moosblättchen aufgeständerten Samenkapseln von *Physarum psittacinum* scheinen sich zu vereinigen. Eine schöne optische Täuschung, denn so etwas wie geschlechtliche Vereinigung findet im Schleimpilzleben erst auf späterer Stufe statt. In dieser Aufnahme sind einige Sporenkapseln bereits geöffnet, das innere Gerüst *(Capillitium)* ist zu erkennen. Bei den noch geschlossenen fällt die irisierende Hülle ins Auge. Diese *Myxogastria*-Art gehört zu den farbenfrohesten in unseren Breiten.

◂ Charakteristisch für *Tricia botrytis* ist die auffällige Bänderung der Sporenkapsel. Dort sind die Sollbruchstellen, an denen die Kapsel sich öffnet. Links ist ein Zwillingsfruchtkörper.

▴ Diese eleganten goldköpfigen Gestalten *(Phsyarum pusillum)* heißen zu deutsch – wenig elegant – Schwarzsporiger Stielkugelschleimpilz.

▲▲ Diese *Comatricha*-Art balanciert auf ihren typisch schwarzen Stängeln braune Sporen, die so locker befestigt sind, dass Wind und Regen sie leicht mitnehmen können.
▲ Die Fruchtkörper von *Perichaena chrysosperma* sind unbestielt und bilden kugelige bis wurmförmige, teils spiralige Schlingen. Die reißen beim Austrocknen auf und entlassen die Sporen ins Freie.
► Bei *Arcyria cinerea* verschwindet die Hülle um die Sporen bis auf einen kleinen trichterförmigen Becher. Die hellen Sporen werden erst nach vollständiger Austrocknung freigesetzt.

8 REGENWÜRMER
DER WICHTIGSTE WURM DER WELT

Das Spätwerk des einflussreichsten Biologen aller Zeiten, des Briten Charles Darwin, galt dem Regenwurm. Der Autor wurde seinerzeit verlacht, weil sich keiner seiner Zeitgenossen vorstellen konnte, dass »the earthworms« die smarten Kreaturen sind, als die sie Darwin erkannte und beschrieb.

▲ Tauwürmer schaffen es, auch sperriges Laub in ihre Röhren zu ziehen – und das, obwohl sie keine Zähne haben, um sich an Blättern festzubeißen.

◂◂ vorherige Doppelseite Erst in der Vergrößerung wird deutlich, dass Regenwürmer nicht total nackt sind. Ihre Chitinborsten sind perfekte Kriechhilfen, zumal die »Spikes« vor- und rückwärts bewegt werden können. Hier ist das abgeplattete Hinterende des Wurms zu sehen.

Damit eins klar ist: *Den* Regenwurm gibt es gar nicht. Zur Familie der Regenwürmer, der *Lumbricidae*, gehören weltweit rund 670 Arten. Allein in Deutschland und der Schweiz unterscheiden Experten 46 Arten.

Auf den ersten Blick wirken Regenwürmer wenig aufregend: ein langer, dünner Körper ohne einen einzigen Knochen, dafür mit umso mehr Muskeln, ein Wesen, das sich taub, blind und stumm durch die Erde wühlt. Und doch macht dieses Tier neuerdings unter Klima- und Hochwasserschützern und länger schon unter Ökolandwirten von sich reden wie wenige andere Lebewesen.

Ob Regenwürmer wohl Regen-Würmer heißen, weil sie bei Regen in Scharen an die Oberfläche kommen? Unwahrscheinlich. Vermutlich erklärt sich ihr deutscher Name ganz anders: Noch im 16. Jahrhundert nannte man die bewegungsfrohen Kriecher rege Würmer. Briten, Türken, Spanier und Franzosen haben für den Regenwurm und seine Verwandten passendere Namen: Sie heißen nach ihrem Lebensraum ganz einfach Erdwürmer.

LICHT KANN TÖDLICH SEIN

Die blassen Wasserleichen, die nach Regenfällen zuhauf in Pfützen herumliegen, sind übrigens nicht Ertrunkene, sondern Verbrannte. UV-Licht ist für Regenwürmer lebensgefährlich. Da sich die meisten Arten im Stockfinsteren durch die Erde wühlen, mussten sie keine Schutzmechanismen gegen UV-Einstrahlung entwickeln. Wenn nun – so die Hypothese von Regenwurmexperten – das Trommeln von Regentropfen den Boden erschüttert und den Lumbriciden einen näher kommenden Maulwurf vortäuscht, fliehen sie vor der vermeintlichen Bedrohung fatalerweise auch mal nach oben, ins todbringende Licht.

Am besten ist ein Regenwurm in der Erde aufgehoben – aber nicht in irgendeiner Erde. Es sollte schon die richtige sein, am besten eine mit buchstäblich mittelmäßigen Eigenschaften: Regenwürmer bevorzugen mittelschweren Boden, durch den sie ohne allzu viel Kraftaufwand ihre Röhren treiben können. Der Boden sollte außerdem mittelmäßig feucht sein, denn nur bei genügend Feuchtigkeit funktioniert ihre Hautatmung problemlos. Zu nass darf er aber auch nicht sein, denn nach wenigen Tagen würden die Würmer in überschwemmten Böden an Sauerstoffmangel zugrunde gehen. Der Säuregrad sollte ebenfalls im mittleren Bereich liegen und nicht allzu weit vom Neutralwert pH 7 abweichen. Und als Bodentemperatur bevorzugen die meisten Regenwurmarten moderate 15 Grad Wärme. Nur Kompostwürmer fühlen sich bei Temperaturen bis zu 25 Grad noch wohl.

Wo die Bodenkomponenten nach ihren Bedürfnissen ausfallen, können Regenwürmer beeindruckend zahlreich vertreten sein. Auf einer Wirtschaftswiese im Allgäu zählte man auf einem Hektar 2,3 Millionen Regenwürmer mit einem Gesamtgewicht von 2,44 Tonnen!

ENTSCHEIDEND IST, WAS HINTEN RAUSKOMMT

▾ Regenwurmkot – hier in unterschiedlichen »Qualitäten« – ist wirklich nicht der letzte Dreck. Eher schon allererste Sahne, wenn es um Boden und Bodenbestandteile geht.

Dass Regenwürmer nicht allzu gründlich verdauen, gereicht einer Vielzahl von Bodenbewohnern zum Vorteil. Kleinstlebewesen und Mikroorganismen finden in den Ausscheidungen der *Lumbriciden* ein Nährstoffkonzentrat zur weiteren Aufarbeitung. Wenn es ein Ranking der weltweit wertvollsten Halbfertigprodukte gäbe, würde Regenwurmkot ganz weit oben stehen.

Regenwürmer würden kaum einen Menschen interessieren, wenn das, was sie als Abfall ausscheiden, nicht so außergewöhnliche Eigenschaften hätte. Ob Tauwurm, Kompostwurm oder Waldregenwurm: Regenwürmer sind Schlüsselfiguren in den Stoffkreisläufen der Natur. Sie fressen, was an abgefallenen Blättern, welken Halmen und anderem Abgestorbenem zu Boden geht, und verarbeiten und veredeln es peu à peu zu feinstem Wurmhumus.

Aber wie schafft es beispielsweise ein zahnloser Tauwurm, ein sperriges Blatt zu fressen? Kauen kann er nicht, und an seinem Kopf lässt sich nur eine kleine Öffnung ausmachen, die von einer Art Lappen überwölbt wird. Doch dieser Mundlappen ist alles, was ein Tauwurm braucht, um seine Nahrung fressfertig aufzubereiten – oder vielmehr aufbereiten zu lassen: Er saugt sich mit dem Mundlappen an toten Blättern fest wie der Saugnapf an der Badezimmerfliese, zieht Blatt oder Halm in seine Röhre, klebt sie mit Schleim an die Röhrenwand, schafft mit einem Kotüberzug perfekte Lebensbedingungen für Kleinstlebewesen, Pilze und Bakterien und wartet dann einfach ab. Nach zwei bis vier Wochen hat das Heer der Winzlinge das Blatt so weit zersetzt und zermürbt, dass es fast zerfällt. Der Regenwurm muss die vorverdaute Masse samt Erde und aufsitzenden Mikroorganismen nur noch einsaugen. In seinem Verdauungstrakt wird die Nahrungsmasse mittels mitgeschluckter Sandkörnchen weiter zerkleinert und zerrieben.

Sonderlich effizient ist die Verdauung der Regenwürmer allerdings nicht, doch genau diese Tatsache macht Regenwürmer zu derart wichtigen Bewohnern des Bodenlebens. Was sie, nur mittelmäßig verwertet, wieder ausscheiden, ist für Pflanzen ein nährstoffreiches Luxusprodukt und ein gefundenes Fressen für die Lebensgemeinschaft der Kleinstlebewesen. Diese Mikroorganismen machen sich umgehend an die neuerliche Aufbereitung des Regenwurmkots, der alsdann weitere Male von Regenwürmern gefressen wird. Mit jedem Durchlauf wird die Masse weiter aufgeschlossen, und jedes Mal wird ein weiterer Teil der enthaltenen Nährstoffe in eine Form überführt, die für Pflanzenwurzeln perfekt nutzbar ist.

▲ Die Mundöffnung eines Regenwurms ist eigentlich nur ein per Hautlappen verschließbares Loch – sehr simpel, aber passend für die Regenwurmdiät: Erde mit allem, was darin und daran ist. Ist die erst einmal eingeschlürft, beginnt ein mehrstufiger Verdauungsprozess. Was am Ende dabei herauskommt, ist als Bodenverbesserung begehrt, nicht zuletzt bei Gärtnern und Landwirten.

LEBENDE NÄHRSTOFFPUMPEN

Die charakteristischen Kotballen der Würmer enthalten fünfmal mehr Stickstoff, siebenmal mehr Phosphat und elfmal mehr Kalium als die umgebenden oberen 15 Zentimeter des Bodens. Zuvor steckten diese Nährstoffe entweder unzugänglich für Pflanzenwurzeln und in nicht verwertbarer Form im Falllaub auf der Erdoberfläche, oder sie lagerten außer Reichweite der Pflanzenwurzeln zu tief im Boden. Erst die Regenwürmer bringen mit ihrer Wühltätigkeit und ihrem unstillbaren Hunger die organischen und mineralischen Komponenten zusammen und sorgen dafür, dass die Mikroben-AG das Material verarbeiten und verwertbar machen kann – eine Arbeitsgemeinschaft, deren Wirkung gar nicht hoch genug eingeschätzt werden kann.

Wenn Regenwürmer nicht wegen Trockenheit, Hitze oder Kälte auf Stand-by-Betrieb umschalten müssen, fressen sie praktisch unentwegt. Bis zur Hälfte seines Eigengewichtes nimmt ein Regenwurm täglich an Nahrung auf und scheidet beachtliche Mengen entsprechend umgewandelt und verarbeitet wieder aus. Auf einem Acker mit guter Regenwurmdichte von etwa 120 Tieren pro Quadratmeter haben Regenwürmer – wissenschaftlich überwacht – innerhalb eines milden Winterhalbjahres 6 000 Kilogramm Stroh pro Hektar in ihre Röhren gezogen. In dieser Zeitspanne gaben sie flächendeckend eine Kotschicht von einem halben bis anderthalb Zentimetern Dicke ab!

POWERPAKETE UNTER TAGE

Wenn ein Regenwurm sich durch den Boden bohrt, leistet er Schwerstarbeit: Er zieht im hinteren Körperabschnitt seine Längsmuskeln zusammen, wodurch dieser Abschnitt dick und kurz wird. Gleichzeitig stemmen sich die Chitinborsten wie Spikes seitlich in die Erde, sodass der Wurm mit seinem Heck stabil in der Röhre verkeilt ist. Im kopfwärts gelegenen Körperabschnitt ziehen sich unterdessen die Ringmuskeln zusammen, wodurch der Wurm dort lang und dünn wird. Wie eine Sonde schiebt er nun den erschlankten Vorderkörper durch kleinste Ritzen und Spalten im Boden vorwärts. Nach ein paar Zentimetern hält er inne, zieht die Längsmuskeln im Vorderende zusammen, wodurch es dick und kurz wird und sich mittels der Chitinborsten in der Röhre verkeilt, und holt nun wieder das Hinterteil nach, das dank kontrahierter Ringmuskeln unterdessen dünn und schlank geworden ist. Das Wechselspiel der abwechselnd kontrahierten Ring- und Längsmuskeln erweckt den Eindruck, als liefen Wellen über den Wurmkörper. Mit dieser Methode kommt ein Regenwurm selbst in festem Boden verblüffend zügig voran.

Beachtlich sind die Kräfte, die er dabei entfaltet: Erwachsene Regenwürmer können das 50- bis 60-fache ihres eigenen Körpergewichts wegstemmen. Apropos Stemmen: Der erfolgreichste Gewichtheber aus der Riege der Schwerstathleten, Hossein Rezazadeh, brachte es im Stoßen – bei rund 162 Kilo Körpergewicht – auf 263 Kilo, also weniger als das Doppelte. Ein namenloser Lumbricus würde ihn in den Schatten stellen.

MIT REGENWÜRMERN GEGEN SCHNECKEN

Dass Regenwürmer Humus herstellen können, dass sie den Boden auflockern und ihn dank ihrer tief reichenden Röhren sogar drainieren, ist bekannt und bringt ihnen allseits Sympathien ein. Dass sie aber auch noch gegen den Hauptfeind des Gärtners, gegen Nacktschnecken, schützen, hätte auch der Ökologe Prof. Johann Zaller von der Universität für Bodenkultur in Wien nicht erwartet; doch die Ergebnisse aus seinen Versuchsreihen waren eindeutig.

Unter Zallers Leitung waren verschiedene Versuchsbeete mit unterschiedlicher Pflanzenvielfalt und unterschiedlicher Regenwurm-Besatzdichte angelegt worden. Anschließend wurden in jedes Beet zwei Nacktschnecken gesetzt, die sich eine Woche lang ungestört vollfressen durften. Das Resultat: Am schlimmsten wüteten die Schnecken dort, wo die Artenvielfalt der Pflanzen gering war und wenige Regenwürmer lebten. In Beeten mit hoher Regenwurmdichte dagegen wurden rund 60 Prozent weniger Pflanzenteile angefressen. Doch auch in Beeten ohne

▾ Wer sich schon mal gewundert hat, warum sich Amseln so schwertun beim Regenwurm-Herausziehen, hier die Erklärung: Regenwürmer können sich mit Chitin-»Spikes« in ihren Gängen verankern.

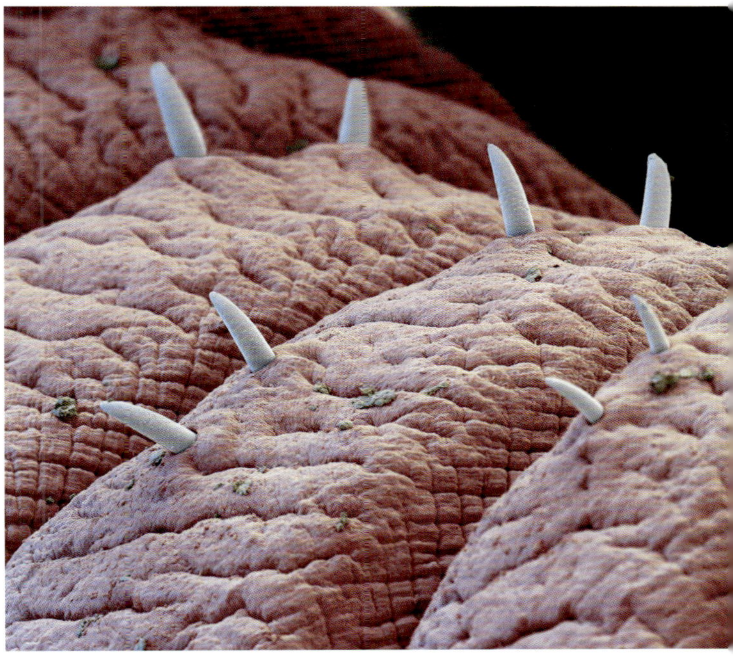

DER PEST-WURM

Das Lob auf den Regen- als Segenswurm wird nicht überall und nicht von allen gesungen. In Nordamerika zum Beispiel gilt the European *earthworm* als »pest« – so das markige Wort für »Schädlinge« und Naturramponierer, beispielsweise für eingewanderte Arten, die der einheimischen Tier- und Pflanzenwelt Probleme bereiten.

Die Böden in weiten Teilen des nördlichen Amerika sind seit Ende der Wisconsin-Eiszeit vor etwa 12 000 Jahren regenwurmfrei. In dieser recht langen Zeit konnten sich Bodenlebennetzwerke aufbauen und etablieren, in denen Lumbricus und seine Verwandten nicht vorkamen.

Hier erledigten Pilze, verschiedenste Mikroorganismen und eine überschaubare Anzahl Tausendfüßer den Ab- und Umbau von Detritus – allerdings sehr viel langsamer, als Crews mit Regenwurm-Beteiligung es vermocht hätten. Die Folge: Falllaub wurde (und wird in regenwurmfreiem Terrain weiterhin) in so gemächlichem Tempo verarbeitet, dass sich auf den Waldböden über die Jahre dicke Streuauflagen bildeten. (Kleiner spekulativer Exkurs: Die bei James Fenimore Cooper und auch bei Karl May geschilderte Fähigkeit der Cheyenne, Cree und Apachen, absolut (!) geräuschlos durch den Wald zu schleichen, könnte mit den dicken Laubmatratzen auf nordamerikanischen Waldböden zu tun haben.)

Man vermutet, dass es europäische Siedler waren, die mit eingetopften Pflanzen unbeabsichtigt auch die ersten Regenwürmer über den Atlantik brachten. Die Ankömmlinge machten sich sofort mit Appetit über die Neue (Unter-)Welt und ihr paradiesisches Futterangebot her – mit dramatischen Folgen: Wo sie wühlten und wirkten, schrumpfte das dicke Blattpolster im Zeitraffertempo. Waldböden waren bald nicht mehr von einer federnden Lage aus Blättern bedeckt, sondern »wirkten merkwürdig aufgeräumt«; so beschreibt es Wissenschaftsjournalist Christopher Schrader in seinem Artikel über invasive Arten (»Spektrum der Wissenschaft«, 24.8.2017). Pflanzenarten und Baumkeimlinge, die zum Gedeihen die schützende Schicht aus Falllaub brauchen, verschwanden nach und nach. Tiere, die darin ihre Jungen aufgezogen hatten, verloren ihren Lebensraum. Und womöglich noch schlimmer: Nährstoffe, die vor der Ankunft der Würmer lange Zeit im Laubpolster gebunden gewesen waren, wurden nun durch deren Tätigkeit im Turbotempo freigesetzt und flossen mit jedem Regenguss davon – schneller, als die Pflanzenwurzeln sie aufnehmen konnten. Die Böden bluteten buchstäblich aus. Gleichzeitig brachte der Abbau von Pflanzenmaterial es mit sich, dass Kohlendioxid freigesetzt wurde, das ohne die Lumbriciden im Boden und Falllaub gebunden geblieben wäre. Das »Global Worming« trägt also auch zum »Global Warming« bei.

Ein Forscherteam um den Regenwurm-Experten Nico Eisenhauer vom Deutschen Zentrum für integrative Biodiversitätsforschung in Leipzig erkundet in einem kontrollierten Freilandversuch seit etlichen Jahren, warum und wie sich Regenwürmer in der Neuen Welt zur Plage entwickeln konnten. Ungeklärt bleibt allerdings noch, wie man ihrem zerstörerischen Wirken Einhalt gebieten könnte. In Geschäften für Anglerbedarf, wo Regenwürmer als Köder reißenden Absatz finden, wird zwar auf Postern davor gewarnt, ungenutzten Würmern einfach »die Freiheit zu schenken«, doch der Erfolg lässt auf sich warten. Im »Land of the Free« ist wohl bis auf Weiteres heftig der Wurm drin.

▲ Vorsicht vor dem Wurm! In US-Angler-Shops wird vor europäischen Regenwürmern gewarnt.

Regenwurmbesiedlung, aber mit hoher Pflanzenvielfalt hielt sich der Schneckenschaden in Grenzen: Der Anteil geschädigter Pflanzen lag hier um 40 Prozent unter dem Schneckenfraß in artenarmen Beeten.

Die Frage, warum und wie genau die Anwesenheit der Regenwürmer den Schnecken den Appetit verdirbt, ist noch nicht wissenschaftlich schlüssig beantwortet. Vermutlich wirkt sich die Tätigkeit der Würmer so entscheidend auf die Fruchtbarkeit der Böden aus, dass die dort wachsenden Pflanzen besonders widerstandsfähig sind und sogar in die Synthese von solchen Substanzen investieren können, die Schnecken auf den Appetit schlagen.

Und was hat die Artenvielfalt der Pflanzendecke mit vermindertem Schneckenschaden zu tun? Wahrscheinlich müssen Schnecken in einem artenreichen Beet einfach zu viel Zeit aufwenden, um unter all dem Grünzeug die leicht verdaulichen Pflanzen herauszusuchen. Die Folge: weniger Kahlfraß.

GUTES KLIMA FÜR REGENWÜRMER?

Für die Lumbriciden gilt das Gleiche, was generell für die Ausbreitung von Tier- oder Pflanzenarten bestimmend ist: Veränderte Umweltbedingungen können Arten begünstigen, beeinträchtigen oder sogar auslöschen. Das bekannteste und zugleich krasseste Beispiel: Totalvereisung mit Verpressung durch tonnenschwere Eispanzer liquidierte ganze Regenwurmpopulationen und -arten. Dass sich noch heute in Schleswig-Holstein, im nördlichen Niedersachsen und Mecklenburg-Vorpommern vergleichsweise wenige Regenwürmer finden – gemessen an Mittel- und Süddeutschland –, erklären Experten mit dem Umstand, dass die nördlicheren Gefilde jahrtausendelang unter eiszeitlicher Vergletscherung lagen.

Ob neuerliche großräumige Klimaveränderungen den Regenwürmern gut bekommen oder eher nicht, lässt sich nicht einfach mit Ja oder Nein beantworten. Die Autoren des Artikels »Climate change effects on earthworms« (Jaswinder Singh et al., »Soil Organisms«, Vol 91(3), 2019) kommen zu der Voraussage, dass generell die Erwärmung der Böden die Regenwurmaktivitäten verstärken und das Gesamtgewicht aller gleichzeitig auf Erden lebenden Regenwürmer vergrößern werde, sofern und solange die Durchfeuchtung der Böden ausreichend ist. Bei mäßig (!) ansteigenden Temperaturen könnten Regenwürmer in nördliche Breitengrade und in Hochlagen vordringen, in denen es ihnen derzeit noch zu kalt ist. Dagegen werden Weltgegenden, die zunehmend von Trockenheit oder Überschwemmungen heimgesucht werden, eher regenwurmärmer.

▼ Bekanntlich tötet Sonnenlicht Regenwürmer. Aber Arten, die sich zeitweise auch tagsüber in der feuchten Laubstreu aufhalten, scheinen sich durch Dunkelfärbung eine gewisse Sonnenlichthärte zugelegt zu haben.

▲ Rege und unermüdlich – ein Leben im Kriechgang

STECKBRIEF

REGENWÜRMER *Lumbricidae*

MERKMALE

Ein Regenwurm ist nichts weiter als ein gleichmäßig geringelter Hautmuskelschlauch, der sich mittels wechselnder Kontraktionen der Längs- und Ringmuskeln fortbewegt. Die kleinste einheimische Regenwurmart *Dendrobaena pygmaea* erreicht nur 2,5 Zentimeter Länge. Der Tauwurm *Lumbricus terrestris* dagegen kann bis zu 30 Zentimeter lang werden.

LEBENSWEISE

Ein Stück hinter dem Regenwurm-Vorderende fällt ein merkwürdiger heller Hautfleck ins Auge: Die Haut ist hier zu einer Art Sattel verdickt. Dieser sogenannte Gürtel, eine helle, drüsenreiche Zone, spielt bei der Paarung eine wichtige Rolle. Mit dem Sekret, das der Gürtel absondert, kleben sich zwei Regenwürmer bei der Paarung aneinander, während sie Sperma austauschen, das dann bis zur weiteren Verwendung in Samentaschen gelagert wird. Gürtelsekret ist auch das Baumaterial für die Kokons, die mit einem oder mehreren Eiern gefüllt im Boden deponiert werden. Da jeder Wurm männlich UND weiblich ist, können beide Partner Eierkokons ablegen. Bis aus dem Kokon ein Würmchen schlüpft, vergehen je nach Art und Umgebungstemperatur drei Wochen bis gut vier Monate. Erst nach ein bis zwei Jahren sind die Jungwürmer dann selbst geschlechtsreif.

9 BÄRTIERCHEN DIE UNSTERBLICHEN

Bärtierchen sind wahrscheinlich die einzigen Lebewesen des Edaphon-Kosmos, die eine Art Kuscheltierfaktor haben. Da kommt auch Wissenschaftler:innen leicht mal der nüchterne Analyseblick abhanden.

Bärtierchen sehen einfach nett aus, wenn sie mit der charakteristischen Rüsselschnute und der Gummibärchenfigur auf ihren acht krallenbewehrten Tatzen gemächlich ihrer Wege ziehen. Das fand wohl auch der Quedlinburger Pastor und Zoologe Johann August Ephraim Goeze, der die Tierchen am 10. Dezember 1772 an der Unterseite einiger Wasserlinsen in einem regenwassergefüllten Eimer entdeckt hatte und als Erster beschrieb: »Seltsam ist dieses Thierchen, [...] weil es in seiner äusserlichen Gestalt, dem ersten Anblicke nach, die größte Aehnlichkeit mit einem Bäre im Kleinen hat. Dies hat mich auch bewogen, ihm den Namen des kleinen Wasserbärs zu geben.« Ihren wissenschaftlichen Namen bekamen die Bärtierchen oder Wasserbären 1776 von dem italienischen Naturforscher Lazzaro Spallanzani: »Tardigrada« nannte er sie, »die langsam Schreitenden«.

BÄREN IN DER REGENRINNE

Bärtierchenjäger dürfen mit kurzen Wegen rechnen: Die Tiere finden sich buchstäblich vor der Haustür. Vielversprechende Jagdgründe sind Moospolster, Flechten, Wasseransammlungen in den Blattachseln von Wilder Karde und verschiedenen Steinbrecharten, nasses Laub aus der Regenrinne und Bodenwasser verschiedenster Herkunft. Im Grunde können Bärtierchen überall leben, wo sie zumindest einen dünnen Wasserfilm vorfinden. Da die Winzlinge meist keinen halben Millimeter groß werden, ist so eine Wasserhaut für sie schon ein komfortabler Lebensraum. Als Futter genügen ihnen Algen oder Kleinstorganismen wie Fadenwürmer und Rädertierchen, die sie sich alle nach derselben Methode einverleiben. Sie drücken ihre Rüsselschnute auf die Beute, stechen sie mit ihren scharfen Stiletten an, die beidseits im Mundraum sitzen, und saugen den Inhalt heraus.

Wenn Wasser für Tardigraden unabdingbar ist, was wird dann aus ihnen, wenn ihr Moospolster austrocknet oder ihr feuchter Boden eine Dürrephase durchmacht? Dann verwandeln sich Bärtierchen bis zur Unkenntlichkeit. Sie ziehen die wurstförmigen Beine ein und verkleinern ihre Körperoberfläche, bis sie aussehen wie kleine Tönnchen. Durch Poren in ihrer Cuticula, der Außenhaut, scheiden sie fettlösliche Substanzen aus, die ab einem bestimmten Punkt die Cuticula absolut wasserdicht machen. Im Inneren wird unterdessen gebundenes Wasser durch eigens synthetisierte Zucker ersetzt, die während der Trockenphase die Funktion des Wassers übernehmen. Wie zuvor das Wasser, so schützen jetzt die Zuckermoleküle die empfindlichen Membranen, verhindern als Pufferschicht die Verklumpung von Proteinen und unterbinden schädliche chemische Reaktionen. Sind all diese Vorbereitungen abgeschlossen, sind die Bärtierchen in einen todesähnlichen Zustand übergegangen, die sogenannte Kryptobiose, was soviel bedeutet wie »verborgenes Leben«.

◂◂ vorherige Doppelseite Bärtierchen haben viele Follower. Zum einen sehen sie recht possierlich aus: Sie haben weder etwas von dem, was Menschen mit Spinnenangst Schauer über den Rücken jagt, noch tragen sie martialische Beißwerkzeuge am Kopf mit sich herum. Und sie sind Geheimnisträger: Was genau sie prinzipiell unsterblich macht, interessiert Experten und Laien.

▾ / ▸ Die Eier der Bärtierchen – hier von verschiedenen Arten – sind filigrane Miniaturkunstwerke, deren Schönheit allerdings erst im REM sichtbar wird.

Bis aus einem Bärtierchenei ein Jungtier schlüpft, vergehen bis zu sechs Wochen. So wie die Bärtierchen selbst können aber auch ihre Eier eine längere Trockenzeit überstehen. Bis zur letzten Endreife – so der Erfahrungsbericht von Bärtierchen-Liebhabern, die sich im Internet austauschen – braucht es allerdings ein Mindestmaß an Feuchtigkeit. Einige Bärtierchen kleben ihre Eier an Moos oder Rinde an, andere heften sie an ihre abgelegten Häute und schleppen sie manchmal darin sogar eine Weile herum.

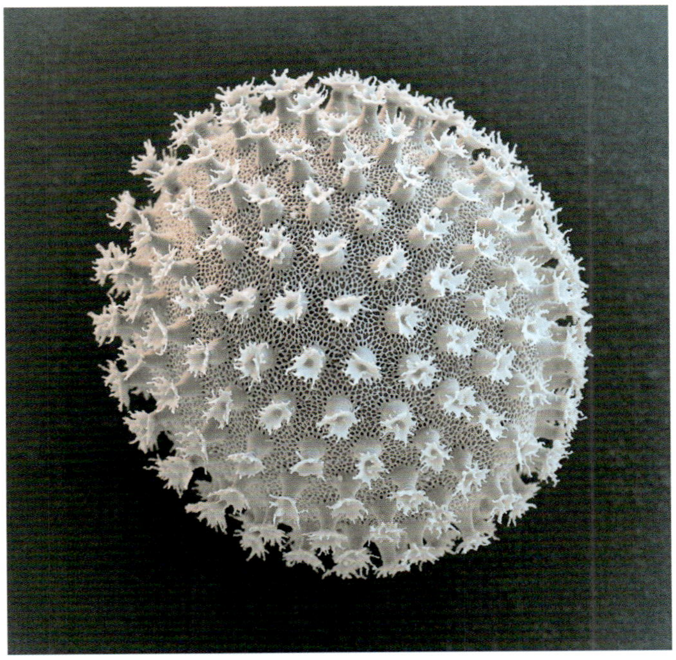

DIE LEBENDEN TOTEN

Während der Kryptobiose ist keinerlei Stoffwechsel und kein Sauerstoffverbrauch mehr messbar. Die Tardigraden sind in diesem Zustand praktisch unzerstörbar. In der Kryptobiose ertragen sie extreme Austrocknung, überstehen ein Bad in Salzlake, Äther, reinem Ethanol oder flüssigem Helium und halten selbst Temperaturen bis zu minus 273 Grad Celsius (also kurz vor dem absoluten Nullpunkt) und bis zu 150 Grad Celsius aus. Unwissenschaftlich ausgedrückt: Kryptobiotische Bärtierchen kann man pökeln, dünsten, bestrahlen oder schockgefrieren, sie sind unkaputtbar.

Wissenschaftler vom National Institute of Polar Research in Tokio fanden heraus, dass Bärtierchen ihren Scheintod nicht nur vorübergehend, sondern notfalls jahrelang ohne Schaden durchhalten können. Zwei Bärtierchen aus einem 30 Jahre lang eingefrorenen Stück Moos, das langsam aufgetaut wurde, brauchten zwar rund zwei Wochen, bis sie wieder ein normales Tardigraden-Leben führten, doch dann legte eines davon sogar Eier, aus denen gesunde Junge schlüpften.

◄/▼ Ein aktives Bärtierchen sieht aus wie das pralle Leben (unten). Doch unter lebensfeindlichen Bedingungen kann es zu einer Art Sack zusammenschrumpeln und damit in das sogenannte Tönnchenstadium übergehen (links). Überraschend ist, dass dieser Sack nichts mehr enthält, was sich als Leben erkennen oder messen lässt. Noch überraschender aber ist, dass dieser Sack selbst nach langer Wartezeit wieder zu einem lebendigen Bärtier wird. Eigentlich unbegreiflich. Von der Wissenschaft vielfach beschrieben, aber nicht wirklich verstanden.

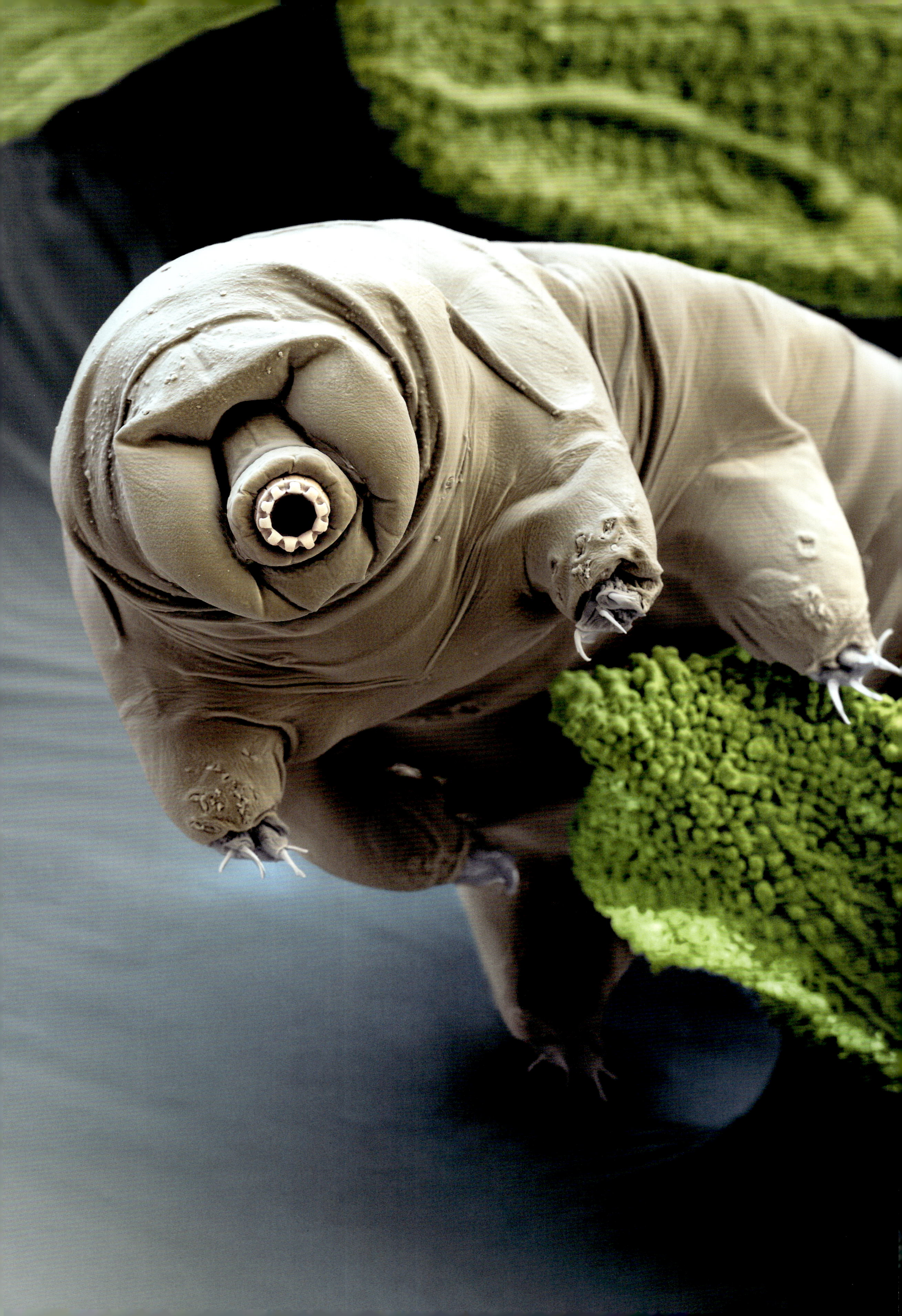

Eine interessante Begleiterscheinung der Kryptobiose: Bärtierchen altern während dieses todesähnlichen Zustands nicht – ein Phänomen, das man schon aus der Dornröschen-Geschichte kennt und das unter Wissenschaftlern folgerichtig als »Dornröschen-Hypothese« kursiert. Prof. Dr. Ralph Schill von der Universität Stuttgart erklärt diese Hypothese so: »Während inaktiver Perioden bleibt die innere Uhr stehen und läuft erst wieder weiter, sobald der Organismus reaktiviert wird. So können Bärtierchen, die ohne Ruheperioden normalerweise nur wenige Monate leben, viele Jahre und Jahrzehnte alt werden.«

BÄRTIERCHEN IM ALL

Doch die Widerstandsfähigkeit der Bären gegenüber einem lebensfeindlichen Milieu geht noch erheblich weiter, wie Wissenschaftler der schwedischen Kristianstad-Universität in Zusammenarbeit mit den Tardigradologen (Berufe gibt's!) um Prof. Schill von der Universität Stuttgart herausgefunden haben. Sie schickten 3000 Bärtierchen im Kryptobiose-Zustand auf einen Weltraumausflug. In 270 Kilometern Höhe umkreisten die Tönnchen zehn Tage lang die Erde und waren auf ihrer Reise nicht nur dem Vakuum, sondern auch dem Angriff von kosmischer, ionisierender und UV-Strahlung ausgesetzt.

Nach der Landung wurden die Versuchsbären gründlich gewässert. Die gelichteten Reihen der Überlebenden erwachten aus der Kryptobiose, nahmen anschließend unbeschadet ihren Tardigraden-Alltag wieder auf, legten Eier und hatten gesunden Nachwuchs. Aber wie muss man die Verluste in ihren Reihen bewerten? Waren sie, wie es vor Jahren der Tardigradologe John H. Crowe ausgedrückt hatte, »gestorben, während sie tot waren«? Was ist eigentlich Sterben? Wodurch definiert sich Leben? Das Potenzial der Bärtierchen könnte in den kommenden Jahren nicht nur Biologen, sondern auch Philosophen beschäftigen.

◄ Sie sind leicht genug, um sich vom Wind verfrachten zu lassen. Und wenn man sie sich so ansieht, könnte man meinen, sie erhöben sich per aufgeblasener Ballonhülle, wie ein Zeppelin – dem ist aber nicht so.

▲ Leichtgewichte – schwer zu begreifen

STECKBRIEF

BÄRTIERCHEN *Tardigrada*

MERKMALE

Bärtierchen erinnern an winzige, pralle Gummibären, wenn sie auf acht krallenbewehrten Beinen bedächtig ihrer Wege ziehen. Die größten Bärtierchen messen bis zu anderthalb Millimeter und sind mit dem bloßen Auge noch zu erkennen, der Durchschnitt aber rangiert zwischen einem Zehntel- und einem halben Millimeter. Viele Arten sind ausgesprochen farbenfroh: Manche haben Pigmente in der Haut, bei anderen scheinen der Darminhalt und das »Blut« durch die transparente Körperhülle.

LEBENSWEISE

Weil Bärtierchen überall leben können, wo sie zumindest einen dünnen Wasserfilm vorfinden – also auch in feuchter Erde oder Moospolstern –, werden sie im englischen Sprachraum liebevoll »moss piglets«, Moosferkel, genannt. Sollten sie austrocknen, dauert es keine Stunde, bis sie zu einem Gebilde geschrumpft sind, das an einen Miniatursitzsack erinnert. In diesem dehydrierten Zustand können Bärtierchen notfalls jahrelang durchhalten, bis Wasser sie endlich wieder zum Leben erweckt. Vielleicht ist es kein Zufall, dass es ausgerechnet ein Pastor war, der diese Organismen, die offenbar das Geheimnis des ewigen Lebens kennen, als Erster beschrieben hat.

10 VON EINZELLERN UND FADENWÜRMERN

NOCH MEHR DRECKSARBEITER

Bei all dem oft atemberaubend Schönen oder Verblüffenden, was uns beim Erkunden der Unterwelt begegnet, ist dies vielleicht das Verblüffendste: Warum wissen wir ausgerechnet von dem, was uns am nächsten ist – der Lebenswelt direkt unter unseren Schuhsohlen – so vergleichsweise wenig?

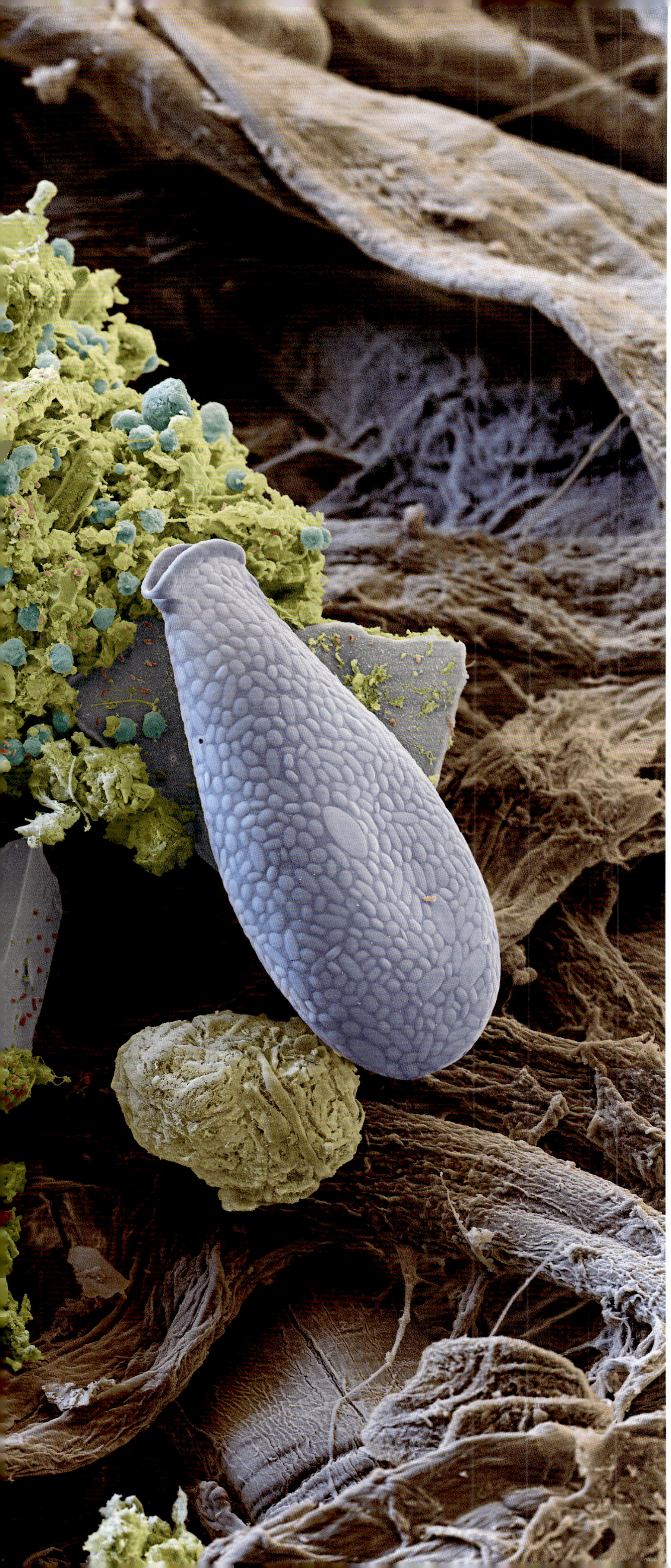

◂◂ vorherige Doppelseite Eine Amöbe *(Korotnevella)* auf dem nassen Boden des Nordschwarzwalds. *Korotnevella* trägt kleine Schuppen auf der ganzen Körperoberfläche, die hier als Netzmuster erscheinen. Die Amöben, auch Wechseltierchen genannt, sind eine große, vielgestaltige Gruppe von Einzellern ohne feste Körperform. Sie bilden sogenannte Scheinfüßchen aus und ändern auf diese Weise immer wieder ihre Gestalt.

◂ Ein Stillleben aus Schalenamöben, die sich von »normalen« nackten Amöben durch ein (meist) schuppiges Gehäuse unterscheiden. In der Bildmitte oben liegen zwei kleine Schalen von *Assulina sp.*, links daneben eine sehr kleine *Trimema* mit runder Mundöffnung. Die große eiförmige »Vase« in der Mitte ist eine *Euglypha sp.* Das runde, grün eingefärbte Etwas (links oben) wurde von Experten als Pollenkorn identifiziert. Die flaschenförmige Gestalt rechts gehört vermutlich zur Gattung der *Gibbocarina*.

▲ Amöben sind wörtlich aus dem Griechischen übersetzt »die Wechselnden«. Und genau das sind sie. Die abgebildete Amöbe wurde per REM-Präparation in einem Moment ihres Wandels »eingefroren« und hätte wenig später schon ganz anders ausgesehen.

Amöben sind Einzeller, aber sie sind keine Verwandtschaftsgruppe wie Vögel oder Insekten. Es wäre hilfreich und dem Verständnis dienlich, wenn man nicht länger von Amöben spräche, sondern von Einzellern im Amöbenstadium.

▲ Schalenamöbe auf Maisacker. Die drei Worte veranlassen zu ein paar Takten Wehklage, denn Maisäcker sind das Lebensfernste, was unsere industrialisierte Landwirtschaft produziert. Ihre Böden werden in Güllefluten ertränkt und durch Agro-Chemie sterilisiert. Doch Amöben widerstehen all dem – weil sie eben allem widerstehen. Die schlimmsten Dystopien enden meist mit dem zynischen Verweis: Amöben werden uns locker überleben.

▲ Die einzelligen Sonnentierchen – hier ein Vertreter der Gattung *Acanthocystis* – setzen ihre filigranen Scheinfüßchen nicht zur Fortbewegung, sondern zum Beutefang ein. Ein naher Verwandter von *Acanthocystis* wurde 2013 von der Deutschen Gesellschaft für Protozoologie zum »Einzeller des Jahres« gekürt.

▲ Ein Vertreter der Geißeltierchen mit der Anmutung einer schwimmenden Qualle. Die Einzeller propellern sich mit einem oder mehreren peitschenförmigen Antriebsaggregaten voran.

Geißelt erchen sind übrigens keine einheitliche Gruppe: Manche »können Photosynthese« wie die Pflanzen, während andere ihre Nahrung nicht selbst herstellen, sondern sie herbeistrudeln.

◄ Kragengeißeltierchen erinnern ein wenig an Miniaturquallen, bestehen aber nicht aus dem quallentypischen Glibber, sondern aus Chitin, dem Stoff, aus dem das Weltreich der Insekten aufgebaut ist.
Die derzeit bekannten rund 70 Arten lassen sich nur nach ihrer Morphologie, ihrer Gestalt, unterscheiden. Oder auch nicht. Das Erscheinungsbild verschiedener Arten ist oft zum Verwechseln ähnlich. Die Gruppe ist allerdings einfach auszumachen und einzuordnen: Alle *Choanoflagellaten* tragen Kragen.

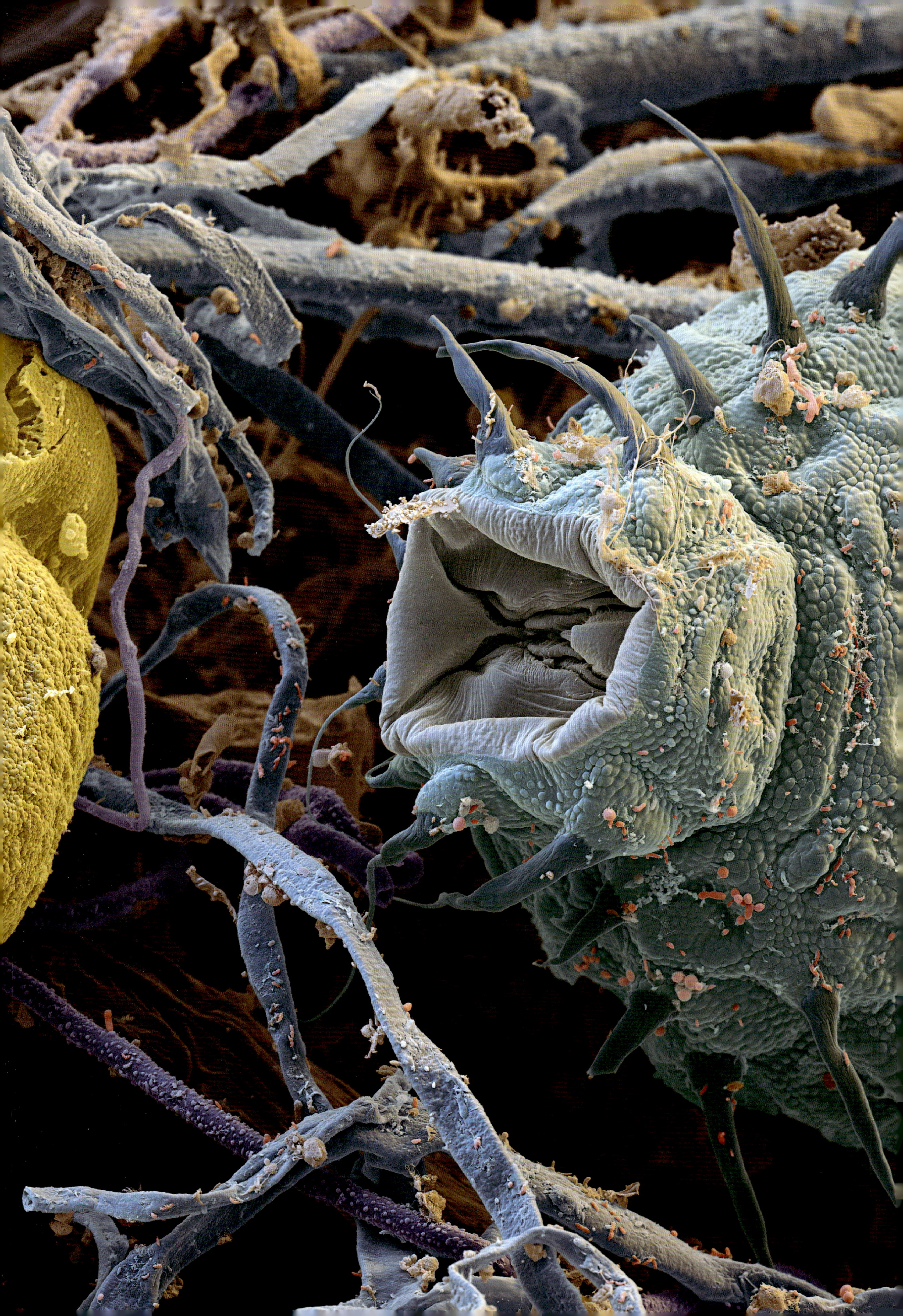

◄ Der für Rädertierchen charakteristische Wimpernkranz ist bei diesem Exemplar unsichtbar, da in die Mundöffnung eingeklappt. Die markanten Stacheln dieren vermutlich der Feindabwehr.

Die Winzlinge sind extrem widerstandsfähig gegen Hitze und Kälte, ihr Lebensraum ist der ganze Planet: Boden, Süßwasser, Meer. Einige Arten sind sesshaft, andere schweben frei durch Gewässer und Bodenwasser.

▲ Wimpertierchen – das Bild zeigt eines aus der Gattung *Colpidium* – sind einzellige Winzlinge, die bis zu vier Millimeter groß werden können. Sie leben in feuchter Erde und gerne auch in verschmutzten oder sogar stark verschmutzten Gewässern. Das hat dazu geführt, dass sie als sogenannte Indikatoren zusammen mit anderen Organismen zu wissenschaftlich bewährten Messinstanzen wurden. Die jeweilige Zusammensetzung der Mikrofauna im Wasser sagt den Experten, wie stark es belastet ist.

▲ Bauchhärlinge *(Gastrotricha)* – seit kurzem von der Wissenschaft in die verwandtschaftliche Nähe der Plattwürmer gerückt – tragen typischerweise ein »Kleid« aus länglichen Platten, die den Körper stabilisieren, ohne die Bewegungsfreiheit einzuschränken. Ihre Beute, meist Bakterien und Algen, werden mittels Unterdruck in den Schlund gesaugt. Die flache Bauchseite ist mit Flimmerhärchen besetzt, mit deren Hilfe sich die Tiere gleitend über den Untergrund bewegen können. Schwimmen funktioniert auch, aber wohl nur auf der Kurzstrecke.

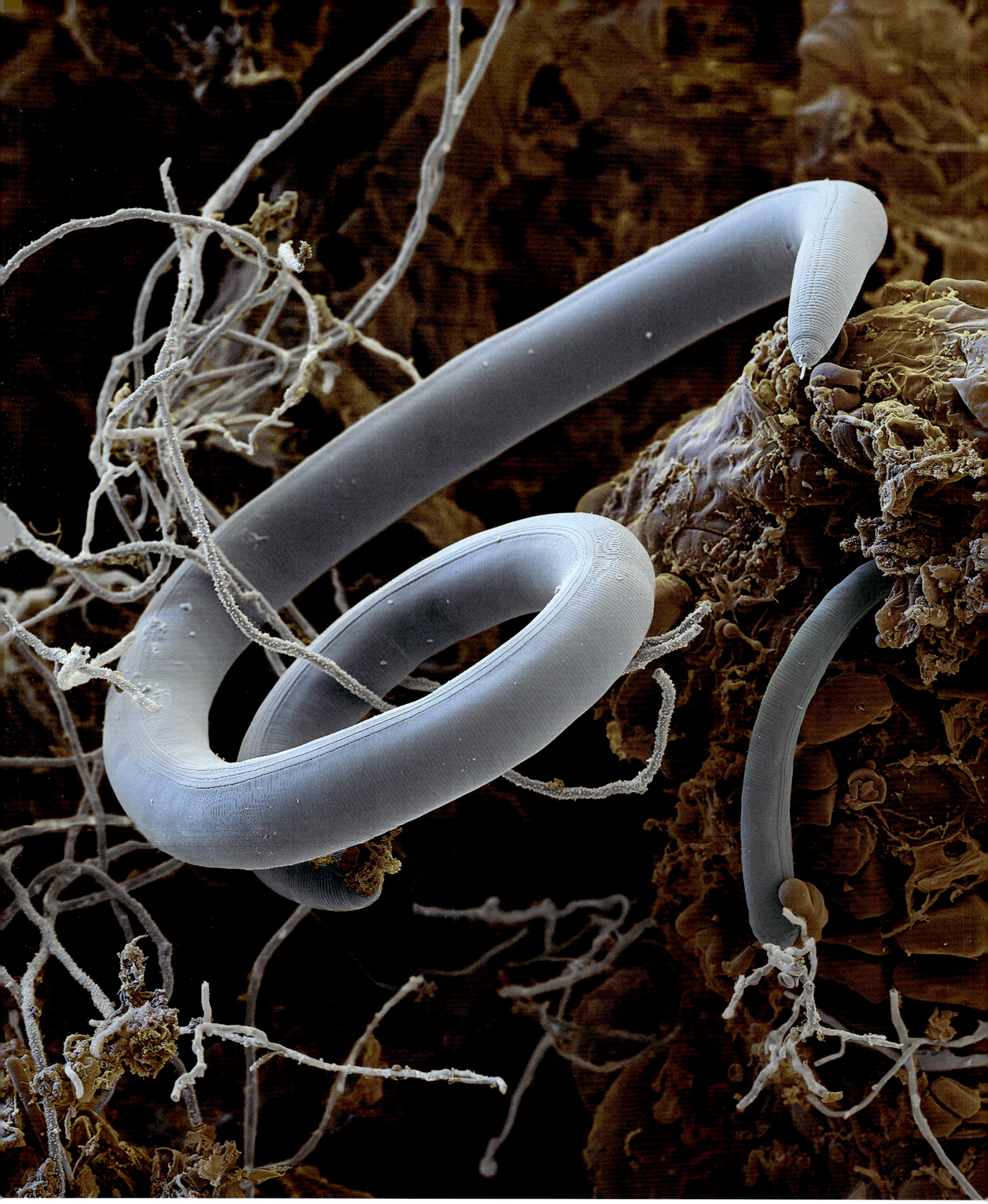

▲ Auffällig, wie glatt Fadenwürmer *(Nematoden)* sind. Die Begründung dafür mag überraschen. Die Epidermis der Würmer besteht aus einem Stoff, der nicht durch Membranen in einzelne Zellen unterteilt ist, sondern eine Schicht mit mehreren Zellkernen bildet. Diese Schicht sondert eine dicke, mehrlagige Hülle ab, die den Wurm vor Austrocknung und die parasitischen Arten unter ihnen sogar vor Magensäften schützt.

▲ Dieser Fadenwurm – man beachte den kleinen grünen Bissen in seinem Urmund – macht sich über Pilzhyphen her. Lebewesen, die sich vom verzweigten Pilzgeflecht ernähren können, haben ein praktisch unbegrenztes Nahrungsangebot; sicherlich ein Grund für die Allgegenwart von Fadenwürmern. Die ist ein Problem in Landwirtschaft und Gartenbau. *Nematoden* bedienen sich nämlich nicht nur bei Pilzen, sie dringen auch in die Wurzelsysteme von Nutzpflanzen ein und zerrütten deren Stoffwechsel.

SOS – SAVE OUR SOILS

»We are losing ground.« Wir verlieren an Boden. Das stellten schon 1972 die Autoren des Club of Rome in ihrer epochalen Studie »Die Grenzen des Wachstums« fest. Was damals Mahnruf und Metapher war, ist heute erschreckende Alltäglichkeit.

Pro Jahr verschwinden laut Umweltbundesamt (UBA) weltweit 100 000 Quadratkilometer Ackerfläche. Das entspricht etwa der dreifachen Fläche Baden-Württembergs. Auch um den kleiner werdenden Rest steht es nicht gut: »Ein Viertel der globalen Bodenfläche enthält heute schon deutlich weniger Humus und Nährstoffe als vor 25 Jahren.« (UBA)

Der rasanteste Exodus von Mutterboden vollzieht sich da, wo »Desertifikation« um sich greift: Verwüstung im Wortsinn. Der weltweite Vormarsch der Wüsten wird durch den menschengemachten Klimawandel noch zusätzlich beschleunigt. Im südlichen und im mittleren Spanien kann man derzeit zuschauen, wie aus bis dato aridem (trockenem) Gebiet Wüste wird. In Brandenburg und Mecklenburg-Vorpommern erleben wir fast Jahr für Jahr »Sahara«-Sandstürme, die keineswegs südlich des Mittelmeeres ihren Ursprung haben, sondern vor Ort entstehen. Die fotogenen roten Fahnen schaffen es bis in die »Tagesschau« und in die Schlagzeilen – allerdings eher in ihrer Eigenschaft als Autofahrer-Belästigung denn als Menetekel sterbender Böden.

DER PFLUG ALS FLUCH

Aber reden wir vorerst nicht von definitiver *Bodenvernichtung*, sondern von einer ihrer Vorstufen, von fortgesetzter Schädigung; reden wir von geordneter Landwirtschaft und insbesondere vom Pflügen, das zu den ältesten bekannten Kulturtechniken der Menschheit gehört.

Pflügen war allerdings jahrhundertelang kaum mehr als feinfühliges Auflockern der Krume, der obersten Bodenschicht. Etwas gänzlich anderes ist das Tiefpflügen unserer Tage. Der Oberboden wird heute in der Regel tiefgreifend gewendet, das Untere zuoberst gekehrt. Für uns, die wir die Feldmark durchstreifen, sind die gefurchten Felder ein archaisches Bild vom guten Landleben. Der Boden – so denken, so dachten wir uns das – wird wieder aufnahmebereit gemacht für das, was er an Frucht hervorbringen soll. Gut so?

Nein. Für das Bodenleben, das etagenweise angeordnete Leben aus Pilzen, Bakterien, Einzellern, Asseln, Milben, Insektenlarven, Würmern, bringt Tiefpflügen die Hölle. Das Heer der spezialisierten Humusproduzenten wird buchstäblich aufgerieben. Keiner ist nach dem »Turnover« per Pflugschar mehr an seinem Platz, an dem Existenz und Arbeit stattfinden kann. Die produktive Zersetzung ist erst einmal abrupt unterbunden. Humusschwund – einer der Kipppunkte unserer Zeit wie Meereisschmelze, Artensterben, globaler Klimakollaps – droht und bedroht das Leben.

◄◄ vorherige Doppelseite Ein Traktor wirbelt auf einer zuvor in den Ackerboden gefahrenen Piste Staub auf.
▲ Winderosion und Staubschleppen bedrohen insbesondere sehr große Felder. Ackerbauer mühen sich, die Schäden in Grenzen zu halten. Was zuverlässig helfen würde – kleinere Felder und Windschutzhecken – ist bisher nur für wenige Landwirte eine Option.

IST PFLÜGEN ALTERNATIVLOS?

Viele Landwirte beharren noch immer darauf, dass es als Alternative zum Tiefpflügen – der erprobten Agrartechnik im Kampf gegen hartnäckige, tief wurzelnde Unkräuter – nur die »Alles tot«-Keule gibt: Glyphosat. Und so wird weiter gespritzt, egal ob nun zähneknirschend und mit schlechtem Gewissen oder frei weg und unbekümmert.

Böden geraten aber auch im Wortsinne unter Druck. Die Achslast von Traktoren und Spezialerntern ist buchstäblich erdrückend: Landwirtschaftsmaschinen wie Mähdrescher wiegen beladen bis zu 27 Tonnen, ein beladener Rübenroder zum Ernten von Zuckerrüben bis zu 60 Tonnen (Daten des Umweltbundesamts). Es gehört nicht viel Phantasie dazu, sich auszumalen, was mit der empfindlichen Bodenstruktur, mit dem Porengefüge, das die Durchlüftung und Wasserversorgung garantiert, mit den fragilen Bodenlebewesen geschieht, wenn die »große Quetsche« zudrückt.

Solche Befunde sind nicht neu. Und es gehört auch zum Gesamtbild, dass viele Agrarwissenschaftler, Ökologen, Praktiker, Maschinenbauer, Landwirte, Bodenkundler

▲ Waldböden sind – auch da, wo sie kurzzeitig nackt daliegen – weniger von Erosion bedroht als Ackerflächen.

und ja ... auch Politiker landwirtschaftliche Praktiken neu überdenken und mit Kreativität und hohem Fachwissen nach Lösungen suchen. Schon heute werden nach einer Schätzung der Fachzeitschrift »Landwirtschaft ohne Pflug« mehr als die Hälfte bundesdeutscher Ackerflächen pfluglos bewirtschaftet.

UND IM WALD?

Rund ein Drittel der Fläche Deutschlands ist von Wald bedeckt. Die Böden, auf denen Wälder wurzeln, sind nicht im selben Maße wie Ackerböden alljährlichen Zerquetschungsattacken ausgesetzt, obwohl auch die großen Baum-Erntemaschinen für verletzliche Waldböden problematisch sind.

Viel schwerwiegender als das krank machende Übergewicht ist – oder war jahrzehntelang – etwas anderes: Dort, wo die Bodenorganismen unter artenreichen Mischwäldern Humus der Extraklasse produzieren könn(t)en, standen etliche Förstergenerationen lang in Reinkultur Fichten. Der Boden im Stangenforst wird nur spärlich von den verschiedenen Bodenorganismen besiedelt. Der Grund: Nadelstreu erzeugt ein saures Milieu, was der Le-

NATUR, BODEN UND GLYPHOSAT

Das Umweltinstitut München e.V. zitiert aus der vom Umweltbundesamt in Auftrag gegebenen Studie zur Frage »Wie schädlich ist Glyphosat?«: »Die intensive Anwendung insbesondere von breitbandig wirkenden Insektiziden und Herbiziden tötet als ungewollter Nebeneffekt ihres Einsatzzwecks – dem Eindämmen spezifischer Schadorganismen – auch Ackerkräuter und Insekten, die wiederum Feldvögeln vor allem während der Brutzeit als Nahrung dienen. Diese indirekten Effekte durch (Zer-)Störung der Nahrungsnetze treten nicht nur bei der Anwendung von Glyphosat, sondern auch bei anderen Breitbandherbiziden auf. Glyphosat hat aber als das mit Abstand am meisten eingesetzte Herbizid (ca. ein Drittel der in der Landwirtschaft angewendeten Menge) den größten Anteil an den beschriebenen Effekten.«

Eine Studie der Universität für Bodenkunde in Wien (BOKU) zeigt erst einmal ein – zumindest für Laien – erstaunliches Plus: Glyphosat in Böden erhöht die Phosphat- und Nitratwerte. Das erklären sich die Forscher:innen so: Der Wegfall von Pflanzenbewuchs nach Herbizidbehandlung bewirkt – etwas schlicht ausgedrückt –, dass im Boden bleibt, was sonst Nährstoffe der Pflanzen gewesen wären. Allerdings bleiben sie fatalerweise nicht lange genug im Boden, um die Folgeschäden der klimawandelbedingt weiter zunehmenden Starkregen abzumildern. Es sei zu erwarten, dass Phosphate und Nitrate, die normalerweise von Pflanzen aufgenommen würden, mehr noch als bisher ins Grundwasser gespült werden. Für angrenzende Gewässer bestünde, so die Studienautoren, Kontaminationsgefahr.

Ein weiterer Befund der Wiener Studie: Tief grabende Regenwürmer reduzieren in glyphosatbelasteten Böden ihre Aktivität auf dramatische Weise. Horizontal bohrende Regenwürmer halbieren die Zahl ihrer Nachkommen.

Schädigt Glyphosat das Bodenleben? Zumindest mit Blick auf die wichtigsten Boden-gut-Macher, die Regenwürmer, ein klares Ja!

Womöglich aber ist Glyphosat nur das Monstrum, hinter dem sich größere Monstrositäten verbergen. Professor Gilles-Eric Seralini (www.seralini.fr), der an der französischen Universität Caen einen Lehrstuhl für Molekularbiologie innehat, sagte in einem Interview, das der Journalist und Umweltaktivist Claus Biegert am 2. Dezember 2024 für seinen in Arbeit befindlichen Film über die Rechte der Natur führte: Das weltweit meistverspritzte »Alles tot«-Mittel heißt »Round-Up und enthält 41 % Glyphosat; der Rest besteht aus Rückständen der Ölindustrie und ist um ein Vielfaches gefährlicher für Bodenleben und menschliche Gesundheit« als Glyphosat.

bensgemeinschaft unter Tage absolut nicht behagt. Die bevorzugten pH-Werte des Edaphons bewegen sich um den Neutralwert herum, also pH 7. Kein Wunder, dass sich unter diesen Bedingungen die Zersetzung der Nadelstreu hinzieht. Zum Vergleich: Blätter von Traubenkirsche, Weißbuche oder Ulme sind in etwa einem halben Jahr abgebaut. Die Zersetzung von Fichten- oder Kiefernnadeln dagegen dauert gut fünfmal so lang. Hinzu kommt, dass Fichtennadeln und ihre Abbauprodukte deutlich nährstoffärmer sind als Humus aus Blattstreu im Mischwald – ein weiterer Faktor, der den Humus bildenden Kleinstlebewesen an die Substanz geht.

Ein bedenklicher Nebeneffekt der Fichtenmonokulturen: Die dünne Humusschicht und das dürftig bearbeitete Pflanzenmaterial können Wasser nur schlecht speichern. Der deutsche Stangenforst (den der bekannte US-Forstmann und Naturschriftsteller Aldo Leopold schon Anfang der 1930er-Jahre »The German Krankheit« nannte) hat Starkregen weit weniger entgegenzusetzen als ein stabiler Laubmischwald.

In Waldboden, der artenreiche Laubmischwälder trägt, kann sich unter idealen Bedingungen laut Eidgenössischer Forschungsanstalt WSL ein Wurzelgeflecht von bis zu 12,6 Kilometer Gesamtlänge pro Quadratmeter ausbreiten. Wie ein Schwamm kann ein so dicht durchwurzelter Boden Wasser aufnehmen und speichern. Dauerbeschattete Böden unter Fichten dagegen halten deutlich weniger Wasser zurück.

EIN ENDE DER MONOKULTUR?

Seit zu Beginn der 1990er-Jahre mehrere Orkane in Deutschland gewaltige Windwurfschäden hinterließen und nicht mehr zu übersehen war, dass Stangenforste von Stürmen besonders in Mitleidenschaft gezogen werden, begann man, den Pionieren einer neuen Forstwirtschaft zuzuhören. Sie waren lange Zeit Rufer auf verlorenem Waldposten.

Die Rekordsommer der letzten Jahre, Dürre, erhöhte Windgeschwindigkeiten und Borkenkäfer-Großattacken schufen Erkenntnisse und Fakten, an denen auch die Verfechter der Fichtenplantagen-Kultur nicht mehr vorbeiagieren konnten. Und tatsächlich werden heute in aller Regel keine Fichten mehr in Monokultur gesetzt. »Umbau« steht auf der Tagesordnung von Förstern und Waldbauern: stabile, naturnahe Mischwälder statt Koniferen-Monokulturen, Wälder statt Holzplantagen.

Das macht Hoffnung. Auch für die Tiere des Waldes, ganz besonders für die wichtigsten, die Myriaden von Bodentieren, die aus Gestorbenem den Boden fürs Leben bereiten. Hoffnung für die Humusmacher.

▼/▼▼ Fichten, wie sie die Forstpartie liebt bzw. bis vor Kurzem liebte: kerzengerade, viele Meter hoch astlos, schnellwüchsig und trotzdem relativ fest, gutes Bauholz. Dagegen Fichten, wie sie von Nordniedersachsen bis Südbayern derzeit aussehen: durch Windbruch und, begleitend oder nachfolgend, Käferkalamitäten. Diese zweifache Klimawandelfolge stellt eine Waldbaupraxis in Frage, die der US-Forstmann und Essayist Aldo Leopold schon Anfang der 1930er Jahre »The German Krankheit« nannte.
▸ Das alte – und seit Kurzem wieder das neue – Idealbild eines wuchskräftigen gesunden Waldes: Mischwald, von Laubbäumen dominiert wie hier in Schleswig-Holstein. Unter anderem spricht seine Resilienz für diesen Waldtyp, seine Fähigkeit, mit Störungen und Angriffen fertigzuwerden, als da sind: immer mehr Stürme, Dürren, Starkregen, Insektenfraß.

BODENALARM. FRAGEN AN DEN EXPERTEN

Der Journalist und Autor Florian Schwinn profilierte sich mit seinem Buch »Rettet den Boden«, das 2019 im Westend Verlag (siehe Literaturliste) erschien, als Kenner der Schicht, von der wir leben, und als Beobachter, Analytiker und Kommentator der Um- und Zustände, die sich mit dem Großthema Bodengesundheit verbinden.

Umwelt- und Naturschützer – aber nicht nur die – sagen, unsere Art der landwirtschaftlichen Bodenbearbeitung schädige die Böden, verursache schlimmstenfalls sogar deren Zerstörung.
Schwinn: Es gibt mehrere Möglichkeiten, die Böden zu schädigen. Eindeutig und unwidersprochen ist die Tatsache, dass Bodenbearbeitung Erosion fördern kann. Das geschieht vor allem dann, wenn die Böden zwischen Ernte und neuer Aussaat bloß liegen …

… was schädlich ist?
Schwinn: Ja, weil dann das Wurzelwerk fehlt, das Böden festhalten kann. Nach den neuen Öko-Regelungen für die sogenannte konventionelle Landwirtschaft soll das – ähnlich wie beim echten Ökolandbau – nun nicht mehr so sein. Zwischenfrüchte sind vorgeschrieben. Aber nur für jeweils zwei Drittel der Flächen.

Und das restliche Drittel?
Schwinn: Das darf weiterhin ohne schützende Pflanzendecke überwintern. Und die Winter können ja neuerdings sehr nass sein, eine der vielen Zuspitzungen infolge des Klimawandels.

Nass ist ja nicht gleich schlecht.
Schwinn: Im Übermaß schon. Wenn Felder ausgeschwemmt werden und ein Teil des Oberbodens wegfließt, ist das nichts anderes als Erosion. Und bei gegenteiliger Wetterlage, die wir – ebenfalls klimawandelbedingt – auch immer häufiger haben, also bei Dürre, ist Boden ebenfalls auf Abwegen. In diesem Fall durch die Luft. Das geschieht gerne bei riesigen Feldern ohne windschützende Hecken. Vor allem im Osten Deutschlands, wo zu DDR-Zeiten besonders rabiat flurbereinigt wurde, werden Böden horizontweit vom Winde verweht: fruchtbare Böden und mit ihnen das Bodenleben. Und dann ist da auch noch eine weitere offenbar nicht zu bremsende Bodenschädigung, die maschinengemacht ist.

Also Schädigung durch Ackerbau- und Erntegeräte?
Schwinn: Ja. Schlepper, Traktoren, Erntemaschinen werden immer schwerer. Mit fatalen Folgen für das Bodenleben.

◂ Ackerfurchen durch Tiefpflügen.

Und der Trend zu immer schwereren Maschinen ist ungebrochen?
Schwinn: Bisher ja. Aber es wird auch versucht gegenzusteuern, etwa indem man den Druck in den Reifen verringert und Reifen verbreitert. Die richtig schweren Erntemaschinen wie Zuckerrüben-Vollernter können auch Vorder- und Hinterachse gegeneinander versetzen, sodass die Räder nicht mehr hintereinander laufen. Hundegang nennt man das.

Das bringt Entlastung?
Schwinn: Nicht wirklich. Es ist dann immer noch so, dass eine Maschine voller Rüben bis zu 50 Tonnen wiegt. So ein Koloss darf auf keiner Straße mehr fahren, aber auf Äckern. Und wenn dann die Böden auch noch nass und schwer sind, dann wird so sehr verdichtet, dass da so bald nichts mehr wächst. Und das Bodenleben stirbt. Es braucht die kleinen Zwischenräume in der Krume, die es sich selbst schaffen kann. Aber die bleiben nur bestehen, solange nicht alles zusammengefahren und verpresst wird.

Von konventionellen Landwirten hört man bisweilen, das mit der Verdichtung sei kein Problem mehr.
Schwinn: Schön wär's, aber so ist es leider nicht. Schon vor Jahren ist von den Universitäten Hannover, Göttingen und Kiel in Langzeitversuchen nachgemessen worden, welche Auswirkungen die schweren Landmaschinen auf die Ackerböden haben. Äcker, über die hohe Achslasten gingen, sind im Verlauf mehrerer Jahre um etliche Zentimeter zusammengedrückt worden. Die Verdichtung reichte teils metertief. Da kann man dann auch mit Tiefpflügen nichts mehr lockern.

Und Landwirte fahren weiterhin mit Schwerstgerät auf die Äcker?
Schwinn: Die konventionell Wirtschaftenden: ja. Aber es geht bei all dem nicht nur um das »Ob«, sondern auch um das »Wann«. Bleiben wir bei der Zuckerrübenernte. Warum fährt ein Landwirt mit einer solchen Höllenmaschine in einen durchnässten Rübenacker? Weiß er etwa nicht, dass er sich den Boden kaputt fährt?

Wissen Sie, ob er es weiß?
Schwinn: Er weiß es vermutlich. Es ist aber eigentlich nicht der Bauer, es ist die Zuckerrübenfabrik, die zerstört. Sie terminiert die Erntezeit. Und Bauer X hat auf die Erntemaschinen-Kolosse nur in einem bestimmten Zeitfenster Zugriff. Wenn es dann gerade regnet oder gar schwerst regnet … sein Pech, und die Zuckerrübenfabrik kümmert das herzlich wenig.

Der Bauer hat also keine Wahl?
Schwinn: Er könnte die Ernte höchstens absagen, um seinen Acker zu schonen. Das würde ihm gegebenenfalls eine Vertragsstrafe einbringen. Oder, schlimmer, er verlöre die

Ernte total. Das Geld braucht er aber, nicht zuletzt, um Kredite abzubezahlen. Etwa für supergroße Traktoren, die dann tief greifende Pflugscharen durch schweren Boden ziehen.

Er sitzt in der Geldfalle?
Schwinn: Die Baupläne für die Falle haben eine Fußzeile, in der »Copyright Brussels« steht. Die EU subventioniert seit Jahrzehnten mit ihrer Flächenförderung vor allem die großen Betriebe. Und damit fördert sie den sogenannten Strukturwandel … ein netteres Wort für Höfesterben. Wachsen oder Weichen wird den Bauern gepredigt. Immer noch. Die Kleinen gaben und geben auf, werden von den Großen geschluckt.

Keine Trendwende in Sicht?
Schwinn: Seit Jahr und Tag soll das System, das das Höfesterben bewirkt – also das System der Flächenförderung –, beendet werden, und Förderkriterien wie Biodiversität, Klimaschutz, Humusaufbau, Tierwohl sollen künftig Standard sein. Daran ist die letzten Jahre viel gebastelt worden. Herausgekommen ist für die derzeitige Periode [der gemeinsamen Agrarpolitik von 2023 bis 2027] vor allem ein gewaltiges Bürokratiemonster und flächendeckender Kontrollwahn. Um sämtliche Anträge zu stellen, im Auge zu behalten und abzuwickeln, müsste ein Betrieb wohl eine Arbeitskraft mindestens einen halben Tag die Woche beschäftigen und bezahlen. Diese Arbeitskraft gibt es nicht in kleinen Familienbetrieben.

Senken wir noch mal den Blick zu Boden. Die Landwirte, mit denen ich gesprochen habe, wussten, dass Tiefpflügen – also ihre erprobte Abwehr gegen Unkräuter – unweigerlich Erosion verschärft. Und sie pflügen trotzdem.

Schwinn: Den Pflug stehen zu lassen, wäre zunächst einmal eine gute Idee. Denn mit dem Pflug reißt man dem Bodenleben, das sich ja von oben nach unten organisiert, jedes Mal die Struktur kaputt. Pfluglose Bodenbearbeitung funktioniert zwar nicht überall, aber auf weit mehr Böden, als es gemacht wird. Es ist da in den letzten Jahren viel experimentiert worden, und es sind auch neue Maschinen entwickelt worden. Man kann mit ihnen den Boden lockern, ohne ihn zu wenden. Man kann grubbern, mulchen, häckseln, Kleegras in die Fruchtfolge einbauen. Die sogenannte Regenerative Landwirtschaft hat dazu ein ganzes Bearbeitungssystem geschaffen, das auf die Bodengesundheit ausgerichtet ist und sie fördert.

Aber wer das nicht machen kann oder will, hat für die Unkrautbekämpfung, so hört man es jedenfalls, nur die eine Alternative: vor der Aussaat alles totspritzen, sprich: Glyphosat.
Schwinn: Dazu ein paar naheliegende Fragen: Wie teuer darf diese »Alternative« uns kommen? Wer zahlt dafür, nicht nur jetzt, sondern auch künftig? Wer kommt für Verletzungen von Menschen- und Bodenleben auf, von denen nicht sicher ist, dass es sie nicht gibt oder dass es sie geben wird?

Was den Boden anbelangt, weiß man denn, ob oder auf welche Weise Glyphosat das Edaphon schädigt?
Schwinn: Seit 1974 – so lange wird Glyphosat schon angewendet – steht die Behauptung der Agrarindustrie im öffentlichen Raum, das Mittel schädige das Bodenleben nicht. Johann Zaller von der Universität für Bodenkultur in Wien wollte zu dem Komplex »Glyphosat und Bodenleben« eigentlich nur eine Überblicksstudie machen, die aufzeigt, was wir über die Wirkung des Glyphosats auf das Bodenleben wissen. Ergebnis: nichts! Es gab dazu gar keine unabhängigen Studien. Also hat er sich mit seinem Team selbst ans Untersuchen gemacht und 2018 Einschlägiges veröffentlicht.

Und? Gab es konkrete Hinweise auf Schädigung des Bodenlebens?
Schwinn: Die Regenwürmer zum Beispiel, die wohl wichtigsten Gestalten im Untergrund, fahren ihre Aktivitäten runter und stellen die Fortpflanzung ein. Die Springschwänze flüchten regelrecht aus vergifteten Böden. Ergebnis: Glyphosat ist ein Pflanzenvernichtungsmittel, das zwar nicht gegen die Fauna im Boden gerichtet ist, aber sie dennoch schädigt. Das sollte, meine ich, hinreichend beängstigend sein, um zu untersuchen, was Glyphosat mit den Mikroorganismen im Boden anstellt, die ja die Mehrheit sind.

Haben Sie Hoffnung für die Böden und das Bodenleben?
Schwinn: Ja. Aber die Begründung fällt mir schwer.

UND WO BLEIBT DAS POSITIVE?

»Und immer wieder schickt ihr mir Briefe, in denen ihr, dick unterstrichen, schreibt: ›Herr Kästner, wo bleibt das Positive?‹ Ja, weiß der Teufel, wo das bleibt.«

Was sich der große Erich Kästner in ebenfalls dunklen Zeiten – 1930 – von der Seele gereimt hat, kommt einem in den Sinn, wenn man den Blick senkt: auf den Boden. Der Boden, die paar Zentimeter, von denen alle und damit auch wir leben, ist transglobal bedroht. Womöglich auf den Tod. Und? Gibt es nicht doch auch Positives zu berichten?

Ja, weiß der Teufel, wo es bleibt. Wir wollten es aber nicht bei wütender Resignation belassen und haben nach diesem »Wo bleibt es?« gesucht und einiges gefunden.

Zu wenig, um der Verzweiflung begegnen zu können? Mag sein. Aber genug, um der Ermutigung auf die Beine zu helfen. Vielleicht.

Wer den Anfang vom Ende sehen will, sich aber zugleich in Sachen »Was aber dann?« informieren will, sollte sich vielleicht 60 Kilometer nördlich von Berlin umschauen. Dort findet man Getreidefelder, die sich über Flächen von bis zu einem Quadratkilometer erstrecken: designierte Sterbeäcker, die – beschleunigt vom Klimawandel – von Starkwinden verweht werden. Tonnenweise.

OASE IN DER WÜSTE – AGROFORSTFLÄCHEN

Aber genau hier – so als gelte es, eine Hölle-Himmel-Vergleichsanordnung zu bauen – zeigt Agroforst-Pionier Tobias Cremer, Professor an der Hochschule für Nachhaltige Entwicklung in Eberswalde, was alles geht, wenn man die eigentlich uralte Methode der Ackerforstwirtschaft wieder zum Leben erweckt.

Weber lässt nun schon seit etlichen Jahren auf den Versuchsfeldern reihenweise Bäume aufwachsen, die den Boden festigen, Abflüsse bei Starkregen mindern und Windgeschwindigkeiten bremsen, außerdem Nährstoffe aus tieferen Bodenschichten in den Zugriffsbereich von Ackernutzpflanzen holen und Insekten und anderen Tierarten Lebensraum bieten.

Versuche der Brandenburgischen Technischen Universität Cottbus-Senftenberg haben gezeigt, dass auf einer mit Wintergerste und Baumstreifen bepflanzten Fläche 20 bis 25 Prozent weniger Wasser verdunstet als auf einer Vergleichsfläche ohne Bäume. Entsprechend mehr Wasser blieb für die Wintergerste verfügbar. Das Plus an Wasser steigerte in den brandenburgischen Versuchen wie erwartet den Ertrag des Getreides: Auf der Agroforstfläche ließen sich 6,2 Tonnen Gerste pro Hektar ernten, auf der baumlosen Vergleichsfläche nur 5,7 Tonnen pro Hektar. Allerdings verringert der Baumbestand die Ackerfläche: »Unsere Ackerkulturfläche im Agroforstsystem war aufgrund der Bäume etwa 17 Prozent kleiner als die baumlose Vergleichsfläche, hat aber nur neun Prozent weniger Gerste gebracht. Wenn wir für einen Vergleich der Flächenproduktivität noch den Holzertrag der Agroforstfläche dazurechnen, ist die Gesamtproduktivität im Agroforstsystem um circa zehn Prozent höher«, bilanziert der

◂◂ vorherige Doppelseite und oben Agroforst-Landwirtschaft – sei es bei Villmar / Hessen (vorherige Doppelseite), westlich der Pont du Gard (ganz oben) oder in den Subtropen (oben) – gilt vielen, die an der und mit der traditionellen Landwirtschaft leiden, als grüner Hoffnungsschimmer. Streifen aus Bäumen und Büschen beschützen und bevorteilen die Feld- und Gartenfrüchte. Ein nachhaltiges System. Die Flächenproduktivität ist – wenn man den Geldwert aus Holzertrag berücksichtigt – um etwa zehn Prozent höher als auf baumlosen Vergleichsflächen.

Wenn dem so ist – und Wissenschaftler der Cottbuser Universität haben es akribisch beforscht und bestätigt –, ergibt sich eine Frage: Woran mag es liegen, dass Agroforstwirtschaft nicht schon längst internationaler Mainstream ist?

▸ Die Idee des »Mob Grazing« (Mobile Beweidung) ist nicht neu, aber die Umsetzung erfordert einiges an Logistik und Feinplanung. Statt Weidetiere so lange auf einer Fläche fressen zu lassen, bis sie abgeweidet ist, wird das Vieh, deutlich bevor das Gras kurz gefressen ist, auf eine neue Weide getrieben. Zwei Vorteile: Aktivierung des Bodenlebens und bessere Kohlenstoffspeicherung.

Bodenkundler Dr. Christian Böhm von der Cottbuser Universität. »Der Verlust an Produktionsfläche wird durch den Wert des zuwachsenden Holzes kompensiert.«

Ähnlich sehen die Befunde ein paar Hundert Kilometer weiter südlich im nördlichen Vorland von München aus, unweit der Pisten des Großflughafens. Ausgerechnet hier hat der Agroforst-Pionier Josef Braun den Beweis erbracht, dass es mit Bäumen besser geht. Braun setzt auf schnell wachsende Arten wie Erle, Pappel und Weide(n), die er in Abständen von 60 bis 100 Metern setzt, und zwar so, dass auch Hühner dort frei laufen können und kleinparzellenweise Gemüseanbau möglich ist. Selbst Rinder stehen im Schatten der Bäume. Und dazwischen gelingt ertragreicher Anbau von Feldfrüchten. Braun sieht das als eine Art »zurück nach vorn«. Früher, so erzählte er einem Reporter der »Süddeutschen Zeitung«, waren Ackerbau und Waldwirtschaft doch auch verzahnt. Das ginge auch heute wieder, wenn man es richtig mache. Davon ist Josef Braun überzeugt.

RUHEZEITEN FÜR BÖDEN – WEIDEKARUSSELL

Der schreibende Landwirt Benedikt Bösel, der in »der trockensten Ecke Deutschlands« wirtschaftet, stellte sich die Frage »Wie komme ich zu mehr Humus auf meinem Grünland?«. Auf der Suche nach Antwort erprobte er ein Muster, das im angelsächsischen Raum unter der Überschrift »Mob Grazing« (Mobiler Weidebetrieb) in Fachkreisen, aber auch bei einer interessierten Öffentlichkeit Aufmerksamkeit erregte.

Um das »Mob Grazing«, um dieses Neue zu verstehen, vergegenwärtigen wir uns kurz ein verbreitetes Verfahren: Wenn man Rinder auf eine sogenannte Standweide stellt, bleiben sie vom Frühjahr bis in den Frühherbst auf derselben Fläche. Diese Fläche muss entsprechend groß bemessen sein, und die Pflanzen, die hier beständig heruntergegrast werden, bilden nur kleine, oberflächennahe Wurzeln aus. Das gibt wenig her für das hungrige Millionenheer der Humus bildenden Organismen im Boden.

Was passiert, wenn man das System verändert? Wenn man von der Standweide zur Umtriebsweide übergeht und die Rinder immer nur relativ kurze Zeit auf einer Fläche stehen lässt? Und was passiert mit den dann gerade nicht beweideten Flächen?

Landwirt Bösel beschreibt das Prinzip und seinen Effekt: »Auf der Umtriebsweide entstehen Ruhezeiten von mehreren Wochen, in denen die Weidepflanzen ihre Wurzeln ausbauen und in die Tiefe bringen können. Dadurch wird deutlich mehr und auch tiefer Biomasse und Kohlenstoff in den Boden gebracht und das Bodenleben aktiviert. Über die alten Wurzelkanäle kann Wasser schneller und tiefer in den Boden eindringen.«

Also: Humuszuwachs durch rotierende Beweidung. Das klingt einfacher, als es ist. Um etwa 30 Tiere – auf Bösels Land sind es Angusrinder und französische Salers – über 500 Hektar Weidefläche rotieren zu lassen, braucht es einiges an Logistik und neuem Erfahrungswissen.

»Die Landwirtschaft ist mal gefährlich falsch abgebogen«, meint Benedikt Bösel. Das war bei der Trennung von Tierhaltung und Ackerbau. »Mob Grazing« könnte wieder zusammenbringen, was zusammengehört. Und das Ganze im Zeichen der (Boden-)Wiedergutmachung.

FRUCHTBARERE BÖDEN – TERRA PRETA

Wer sich auf dem Großproblemfeld Boden bewegt, weiß, dass es ganz wesentlich um *Bodenfruchtbarkeit* geht, folglich auch und gerade um Humus. Darum stellt sich die Frage, ob es Möglichkeiten gibt, Humus auch dort wieder (an)wachsen zu lassen, wo er gefährlich ins Defizitäre gerutscht ist? Ja, sagen die Terra-preta-Freunde.

Terra preta (portugiesisch für »schwarze Erde«, auch wenn sie im Sinne des Wortes gar keine Erde ist) lässt sich künstlich herstellen, indem Pflanzenreste aller Art in besonderen »Öfen« verschwelt werden. Die entstehende »Pflanzenkohle« fördert – bei entsprechender kluger Dosierung und in die Erde eingemischt – die Bodenfruchtbarkeit im Wesentlichen dadurch, dass die Humus bildenden Kleinorganismen an der großen Oberfläche der »Kohle«-Stückchen ideale Siedlungsbedingungen finden. Terra preta hilft den Helfern.

Der schwarze Stoff ist nicht unumstritten. Bei unsachgemäßer Handhabung könne, so liest man es in Anwenderportalen, der Boden sogar Schaden nehmen. Das Fazit aber fällt positiv aus, besonders für die Bereiche kleinräumiger Gemüseproduktion und für Gärten. Allerdings werde sich für die Anwendung im großen Stil nie und nimmer genügend Pflanzenmasse beibringen lassen, sagen Kritiker. Und auch die Herstellung – das Verschwelen – sei (noch) zu energiezehrend.

GRUBBERN STATT PFLÜGEN – SCHONENDE UNKRAUTBEKÄMPFUNG

Hinzufügen ist das eine, Unterlassen – etwa des Pflügens – das andere, das womöglich Entscheidende.

Bekanntlich ist Tiefpflügen, wie es zur Bekämpfung hartnäckiger, tief wurzelnder Unkräuter als schwer verzichtbar gilt, das Schlimmste, was man den Humus bildenden Lebewesen antun kann. Die »Humuswende« – so der programmatische Titel eines populären, hervorragenden Fachbuchs von Ute Scheub und Stefan Schwarzer – kann und wird nicht gelingen, wo weiterhin tief gepflügt wird. Und dort nicht, wo konventionell wirtschaftende Landwirte die Hand vom Pflug lassen, sie aber meistens nach der Alternative ausstrecken, nach den Allround-Tötungsmitteln Glyphosat und Co. Womöglich wiegt das in der ökologischen Endabrechnung noch schwerer.

Ist Unkrautbekämpfung ohne Tiefpflügen und ohne harte »Hau-weg-Chemie« möglich?

Ja, durch Grubbern zum Beispiel, sagen Praktiker und Vertreter der alternativen Landwirtschaft. Beim Grubbern werden speziell gestaltete Schneiden, die an einen Gänsefuß erinnern, durch den Boden gezogen – natürlich nur dann, wenn noch keine Frucht oder keine Frucht mehr auf

▾ Terra Preta, verschwelte Pflanzenreste, fühlt sich wie Holzkohle an. Das Rasterelektronenmikroskop zeigt: Die wabenähnliche Struktur schafft Ideallebensraum für Bodenzoo und Mikroflora.

▲ Ein Grubber besonderer Bauart erweist sich als probates Gerät für die chemiefreie Unkrautbekämpfung.

dem Feld steht. Die waagerecht zur Bodenoberfläche durchgezogenen Schneidekanten durchtrennen unerwünschtes Kraut, dessen oberirdischer Teil dann auf dem Feld vertrocknet.

So einfach? Nein, einfach ist es nicht.

Verschiedene Wildkräuter haben verschiedene Austriebszeiten und Wurzeltiefen. Es kommt also darauf an, jedes Unkraut zum richtigen Zeitpunkt an seiner empfindlichsten Stelle zu treffen, sodass weder der oberirdische noch der unterirdische Teil der Pflanze in der Lage ist, weiterzuwachsen. Einen vollen Erfolg bei der Unkrautbekämpfung mittels Grubber versprechen nur relativ leichte Präzisionsgrubber neuerer Bauart, nach ihrem Entwickler und Hersteller »Treffler-Grubber« genannt. Sie können stufenlos auf verschiedene Bearbeitungstiefen zwischen null und 20 Zentimeter eingestellt werden.

Absolut unverzichtbare Bedingung für den Erfolg: Die Schneidkanten müssen immer scharf sein, sonst verschmieren sie nur den Boden – was außerordentlich schädlich für das Bodenleben wäre und dramatisch für Regenwürmer.

Gegrubbert wird in der Regel viermal in unterschiedlichen Tiefen. Dadurch werden alle Unkräuter besiegt, auch die hartnäckigsten. Ohne Chemieeinsatz. Ohne das fürs Bodenleben ruinöse Tiefpflügen.

Der Preis dafür leuchtet auch dem Laien ein: Grubbern kostet Zeit. Mehrere Grubberdurchgänge sind zeitaufwendig, zumal der Landwirt den richtigen Moment mit Augenmaß und Feingefühl dafür wählen muss. Zu viel (Boden-)Feuchtigkeit zum Beispiel kann den Grubberplan durcheinanderbringen.

Grubbern – und das gilt ganz besonders für das Präzisionsgrubbern – dient nicht nur der Unkrautbekämpfung, sondern auch der Bodenauflockerung. Spezialisierte Grubber sind auch in puncto Schonung des Bodenlebens die Geräte der Wahl, zumal man vor einen Treffler-Grubber keine schwere Zugmaschine spannen muss. Die gefürchtete Bodenverdichtung durch tonnenschwere Traktoren, die beim (Tief-)Pflügen und sogar beim normalen Grubbern droht, lässt sich weitgehend vermeiden. Das unübersehbare Volk der Bodenbereiter wird weder untergepflügt noch zerquetscht. Und die Bodenspezialisten schlechthin, die Regenwürmer, die sich bekanntlich gerne Stängel und alles Blattartige von der Erdoberfläche in ihr dunkles Reich ziehen, werden auf gegrubberten Feldern gut satt.

KI IM FELDEINSATZ

Während der Einsatz von Grubberschneiden im Prinzip jahrhundertealte Agrartechnik ist, markiert die Anwendung von Algorithmen das beginnende KI-Zeitalter. Zehn Studenten der Technischen Hochschule Zürich, der ETH, stellten einen Unkrautbekämpfungs-Roboter vor. Stundenlanges Jäten und Hacken mit gekrümmtem Rücken soll genauso unnötig werden wie der Einsatz von umweltbelastenden Unkrautbekämpfungsmitteln, erwartet Elektrotechnikstudent Timo Schönegg: »Hinten am Roboter befinden sich vier kleine Pflugscharen. Und die zieht der Roboter zwischen den Zuckerrübenreihen durch den Boden, circa zwei bis drei Zentimeter tief. Diese Schneiden trennen das Unkraut von der Wurzel und befördern es an die Oberfläche, wo es dann vertrocknet.« (Radiosendung »Roboter statt Gift: Unkrautbekämpfung 4.0«, MDR, 27.7.2020)

Das kleine Ungetüm, das an eine fahrbare Badewanne mit Greifklauen erinnert, kann noch nicht alles, aber weit mehr, als man Feldrobotern noch vor wenigen Jahren

▼ Dieser Schweizer Unkrautbekämpfungsroboter hat es nicht zur Serienreife geschafft. Einem seiner Nachfolger könnte der Durchbruch gelingen.

zutraute. Und es gehört nicht viel Phantasie dazu, sich vorzustellen, dass die nächsten Generationen von Feldrobotern in Sachen Unkrautbekämpfung in etwa so viel mehr können werden wie ein Smartphone der neuesten Generation verglichen mit einem Autotelefon anno 1985.

Bei dem Wunsch, zu viel Bodenverdichtung durch zu schwere Bodenbearbeitungsmaschinen zu vermeiden, fliegen uns möglicherweise gerade neue Lösungsansätze zu. So experimentiert der Heilbronner Ackerbauer Manfred Sayer mit einer Drohne, um auf seinen 54 Hektar Land Saatgut aus der Luft auszubringen – demnächst vielleicht schon satellitengesteuert und durch schlaue Algorithmen optimiert. Und Sayer ist durchaus nicht der Einzige, der gerade die Vorzüge des Ackerbaus aus der Luft entdeckt. Kaum eine begleitende Maßnahme ist so hervorragend geeignet, malträtierten Böden eine Erholungspause zu verschaffen.

EIN SCHÜTZENDES KLEID FÜR DIE KRUME – BODENDECKER

Bevor uns Roboter aus der tiefen Agrochemie-Sackgasse führen – zugegeben, wir fürchten uns ein wenig, dass bald technisches Gerät durch Felder und Auen patrouilliert und den Lerchen den Luftraum streitig macht –, gilt es, das schon Mögliche Realität werden zu lassen.

Stichwort Bodenbedeckung. Die Erkenntnis hat sich durchgesetzt, dass man Felder nur übergangsweise nackt liegen lassen sollte, damit sie nur so kurz wie möglich den Angriffen von Wind, Regen und Sonne ausgeliefert sind. Zwischensaaten, Bodenbedecker, die sogar Bodenverbesserer sein können … All das und mehr ist guter Standard, auch wenn er hie und da immer noch (wenn auch nicht mehrheitlich) missachtet wird.

Aber halten wir fest, und halten wir uns daran fest: Ein Feld, das nach der Ernte einen schützenden Pelz aus zum Beispiel Perserklee trägt, ist ein Grund zur Freude, ist ein kleiner Etappensieg im Kampf gegen die grassierende Bodenverschlechterung.

Klimawandel und seine katastrophenträchtigen Begleiter wie Überschwemmungen, Dürren, flächenhafte Waldbrände, steigende Meeresspiegel, Versauerung der Ozeane, Abtauen der Permafrostböden und einiges mehr sind Tagesgespräch und haben inzwischen die Aufmerksamkeit der breiten Öffentlichkeit. Nicht so die Böden, denen es saudreckig geht.

Die Erkenntnis, dass es für uns ohne Rettung der Böden schon mittelfristig nicht mehr viel zu retten gibt, gewinnt gerade erst an Boden. Humusaufbau als Notwendigkeit ist zwar den Experten schon länger bekannt, nicht aber der Öffentlichkeit. Noch nicht. Die Wahrnehmung ändert sich gerade, und damit ergeben sich Chancen für eine Humusrevolution.

»CARBON FARMING« – MEHR HUMUS

Was hat ein Mehr oder Weniger an Humus mit dem (Welt-)Klima zu tun?

»Humusaufbau kann wegen des CO_2-Speicherpotenzials der Böden ein mächtiger Hebel gegen den Klimawandel sein«, berichtet Christian Kretzer in einer Radioreportage des Bayerischen Rundfunks über »Carbon Farming«. Ein Zuwachs an Humus von einem Zehntel Prozent auf einer Fläche von einem Hektar bindet CO_2 in der Größenordnung von sechs Tonnen. »Bei 3,13 Millionen Hektar landwirtschaftlicher Fläche in Deutschlands größtem Flächenland Bayern könnte die Landwirtschaft, wenn sie das Ein-Zehntel-Prozent erreichen würde, die Kohlendioxid-Verursachung von zwei Millionen Menschen kompensieren.«

»Carbon Farming« bezeichnet die Gesamtheit dessen, was im Zuge einer regenerativen Landwirtschaft geschehen muss, um Kohlenstoffanreicherung in landwirtschaftlich genutzten Böden zu erreichen. Die wesentlichen Anforderungen:

- Der Boden darf nur so bearbeitet werden, dass der Aufbau von Humus nicht beeinträchtigt wird.
- Fruchtfolge ist ein unabdingbares Muss.
- Vorzugsweise sollten Pflanzen angebaut werden, die den Boden gut durchwurzeln.
- Untersaaten als Erosionsschutz sollten fest eingeplant werden.
- Wo immer es möglich ist, sollte nach den Grundsätzen der Agroforstwirtschaft gearbeitet werden.
- Der Boden sollte mit Pflanzenkohle angereichert werden, um Bodenorganismen zu fördern und die Kohlenstoffbindung zu verbessern – zum Beispiel mit der Terra-preta-Technologie.

Es wäre Klimaschutz pur, würde die EU ihre Landwirte für Humusaufbau honorieren, der – doppelter Nutzen! – zugleich die Erträge verbessern würde. Humusreiche Böden sind fruchtbarer als humusarme.

Ob ein Pro-Klimaschutz-»Soil Deal« (also ein Förder- bzw. Anreizsystem für Humusaufbau) gelingen kann oder nur zu noch mehr Bürokratie und schlimmstenfalls zu »Green Washing« führen würde, wie manche Kritiker fürchten, ist noch nicht ausgemacht. Aber es besteht Hoffnung, dass die unabweisbare Notwendigkeit von Klimaschutz auch den Bodenschutz befördert.

Alles hängt mit allem zusammen. Das muss keine schlechte Nachricht sein.

Literatur

Bieri, Atlant und Bieri, Siriporn Der Dschungel im Boden. Ein Bilderbuch über eine der wichtigsten Ressourcen der Menschheit, Weber Verlag, Thun/Schweiz 2021

Bösel, Benedikt Rebellen der Erde. Wie wir den Boden retten – und damit uns selbst!, Scorpio Verlag, München 2023

Dunger, Wolfgang Tiere im Boden, Militzke Verlag/Verlags KG Wolf, Hohenwarsleben 2008 (Erstauflage 1983)

Francé, Raoul H. Das Leben im Boden/Das Edaphon. Untersuchungen zur Mikroökologie der bodenbewohnenden Mikroorganismen, hg. von Kurt Walter Lau, OLV Organischer Landbau, München 2022 (Erstauflage 1923)

Grefe, Christiane und Busse, Tanja Der Grund. Die neuen Konflikte um unsere Böden – und wie sie gelöst werden können, Verlag Antje Kunstmann, München 2024

Jeffery, Simon u. a. (Hg.) European Atlas of Soil Biodiversity, Veröffentlichung des Institute for Environment and Sustainability (Joint Research Centre), Catalogue number LB-NA-24375-EN-C, Luxemburg 2010, https://op.europa.eu/en/publication-detail/-/publication/7161b2a1-f862-4c90-9100-557a62ecb908 (Zugriff: 2.10.2024)

Oekom e. V. (Hg.) Erdverbunden. Eine neue Politik für unsere Böden, oekom Verlag, München 2016

Scheub, Ute und Schwarzer, Stefan Die Humusrevolution. Wie wir den Boden heilen, das Klima retten und die Ernährungswende schaffen, oekom Verlag, München 2017

Schwinn, Florian Rettet den Boden! Warum wir um das Leben unter unseren Füßen kämpfen müssen, Westend Verlag, Neu-Isenburg 2019

Seymour, John und Girardet, Herbert Fern vom Garten Eden. Die Geschichte des Bodens. Kultivierung – Zerstörung – Rettung, Wolfgang Krüger Verlag, Frankfurt a. M. 1985

Sheldrake, Merlin Verwobenes Leben. Wie Pilze unsere Welt formen und unsere Zukunft beeinflussen (Original: Entangled Life. How fungi make our worlds, change our minds and shape our futures, 2020), Ullstein Buchverlag, Berlin 2023

Abbildungsnachweis

S. 17 Weißwurm: wikicommons/D. Sikes

S. 17 Zweiflüglerlarven: wikicommons/Jörg Rosenberg

S. 17 Tausendfüßer: blickwinkel/F. Teigler

S. 17 Schnecken: pxhere/The Manic Macrographer

S. 23 o. r. Raoul Heinrich Francé nach einer Radierung von Sigmund Lipinsky

S. 35 Alamy Stock Photo

S. 38 blickwinkel/M. Henning

S. 60 blickwinkel/H. Bellmann/F. Hecker

S. 64 l. Lukas Jonaitis on shutterstock

S. 70 blickwinkel/Schroeer/Tiemann

S. 71 blickwinkel/F. Teigler

S. 72 l. blickwinkel/D. Assmann

S. 73 u. l. Fabien Piednoir on inaturalist.org/observations

S. 75 o. l. Katja Schulz

S. 75 o. r. blickwinkel/Hecker/Sauer

S. 81 Ernie Cooper on shutterstock

S. 86 blickwinkel/R. Kaufung

S. 87 o. r. blickwinkel/H. Bellmann/F. Hecker

S. 90 Allison Pollack

S. 98 blickwinkel/H. Schmidbauer

S. 99 o. blickwinkel/R. Koenig

S. 99 u. blickwinkel/Hecker/Sauer

S. 102 YTOMEAT

S. 103 o. r. wikicommons/Rob Hille

S. 103 u. l. blickwinkel/F. Hecker

S. 128/129 Allexxandar on Freepik

S. 130 blickwinkel/H. Pieper

S. 132 o. blickwinkel/W. Willner

S. 132 u. blickwinkel/C. Stenner

S. 133 blickwinkel/F. Hecker

S. 135 Gabi Schoenemann on pixelio.de

S. 136/137 Ute Grabowsky on photothek.net

S. 138 o. Christian Dupraz

S. 138 u. anacotrin on shutterstock

S. 139 blickwinkel/W. Pattyn

S. 140 o. Falk Jagszent (neustrelitz-im-wandel.de)

S. 141 o. l. Robert Galitz

S. 141 u. r ETH Zürich/AutoVimation GmbH

S. 144 l. Veronika Straaß

Ein herzlicher Dank für vielfältige Unterstützung

Karlheinz Baumann
Charly Ebel (Nationalpark Nordschwarzwald)
Elena Kopf (Literaturtest, Berlin)
Ingo Loose
Senckenberg Museum für Naturkunde Görlitz, Abt. Bodenzoologie

Veronika Straaß – Diplombiologin, Autorin etlicher Sachbücher, darunter »Natur erleben das ganze Jahr«, »Mit Kindern die Natur entdecken«, »Taktik, Tricks und Raffinesse« und zahlreiche Tiermonographien für Leseanfänger. Außerdem schreibt sie regelmäßig über biologische Themen in *Die Weltwoche* (Schweiz).
Claus-Peter Lieckfeld – Journalist und Autor, schrieb für *natur, GEO, Die Zeit* und verfasste diverse Sachbücher, darunter »Tatort Wald«, »More than Honey«, »Makrokosmos Honigbiene«, außerdem historische Romane, darunter »Friedrich Spee – Anwalt der Hexen«.

Zusammen verfasste das Autorenduo die Titel »Wandlungskünstler. Die geheime Erfolgsgeschichte der Insekten und wie sie weitergehen kann« sowie »Überflieger. Die vier Leben der Schmetterlinge«.

Nicole Ottawa – studierte an der FU Berlin Biologie, bevor sie sich der Mikrofotografie widmete.
Oliver Meckes – absolvierte eine Ausbildung zum Kaufmann und Fotografen, spezialisierte sich danach auf wissenschaftliche Fotografie.

Gemeinsam gründeten sie 1994 »eye of science«. Seitdem widmen sie sich mit ihrem Raster-Elektronenmikroskop der faszinierenden Welt des Allerkleinsten. Sie wurden mit ihren Bildern mehrfach mit Preisen, u. a. dem World-Press Photo Award und dem Lennart Nilsson Award, ausgezeichnet.

Neben vielen Bildgeschichten in *GEO*, *Terra Mater, National Geographic* und anderen Magazinen veröffentlichten sie auch die Bücher »Die fantastische Welt des Unsichtbaren« und »Der Mikrokosmos – für Kinder erklärt«.

Impressum
© 2026 Dölling und Galitz Verlag
in der Junius Verlag GmbH
E-Mail: dugverlag@icloud.com
www.dugverlag.de
Stresemannstraße 375, E11,
D-22761 Hamburg,
Tel. +49 – 40 – 389 35 15
Redaktion: Robert Galitz, München; Sabine Niemann, Hamburg
Gestaltung: Annalena Weber, Hamburg; Gesine Krüger, Hamburg
Schrift: Avenir LT Std

Druck: Beltz Grafische Betriebe GmbH, Bad Langensalza
ISBN 978-3-86218-172-8
6. korr. Auflage 2026
Covermotiv: Bärtierchen *Ramazzottius kretschmanni* (© eye of science)

Die Deutsche Nationalbibliothek
verzeichnet diese Publikation in der Deutschen Nationalbibliografie; detaillierte bibliografische Daten sind im Internet über https://dnb.de abrufbar.